RECHERCHES

POUR SERVIR A L'HISTOIRE MÉDICALE

DE

L'EAU MINÉRALE SULFUREUSE

DE LABASSÈRE

(HAUTES-PYRÉNÉES);

DE SON EMPLOI DANS LES MALADIES EN GÉNÉRAL,
ET EN PARTICULIER DANS LE CATARRHE CHRONIQUE DES BRONCHES,
LES TOUX CONVULSIVES,
LA CONGESTION PASSIVE DU POUMON, LA PHTHISIE PULMONAIRE,
LA LARYNGITE CHRONIQUE ET LA PELLAGRE;

PAR

Le docteur LOUIS CAZALAS,
Médecin en chef de l'hôpital militaire d'Oran,
Ex-professeur de pathologie médicale à Metz et au Val-de-Grâce,
Membre de la Société des sciences médicales de Metz,
des Sociétés médicales d'émulation de Lyon et de Paris, de l'Académie des lettres, sciences, arts et agriculture de la Moselle, etc.

> Pour étudier avec fruit les effets thérapeutiques d'une eau minérale, il faut connaître, au préalable, ses qualités physiques, sa composition chimique, les modifications qu'elle est susceptible de subir dans les diverses conditions de son administration, et son action sur les fonctions de l'homme dans son état de santé.

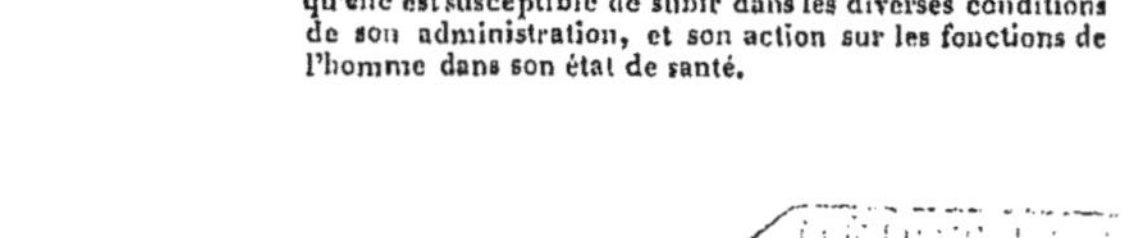

A PARIS,
CHEZ J.-B. BAILLIÈRE,
LIBRAIRE DE L'ACADÉMIE NATIONALE DE MÉDECINE,
Rue Hautefeuille, 19;
à Londres, chez H. Baillière, 219, Regent-Street;
A New-York, chez H. BAILLIÈRE, 290, Broadway.
A MADRID, CHEZ C. BAILLY-BAILLIÈRE, CALLE DEL PRINCIPE, 11.
1851.

Paris — Imprimerie de L. Martinet, rue Mignon, 2.
(Quartier de l'École-de-Médecine.)

TABLE DES MATIÈRES.

AVANT-PROPOS.

Au mois d'août 1849, pendant les quelques jours que nous avons passés à Bagnères-de-Bigorre pour y faire usage de ses eaux salines, nous avons été frappé de l'emploi très généralisé que les étrangers et les indigènes faisaient, sans conseil de médecin, de l'eau de Labassère (transportée à la ville dans des bouteilles bouchées), afin de se débarrasser d'affections bronchiques rebelles, et des effets prompts et favorables qu'elle produisait dans la plupart des cas.

La pensée nous est venue de faire une étude spéciale de cette eau, moins connue qu'elle ne nous paraissait mériter de l'être, et de publier le résultat de nos recherches, si elles venaient confirmer l'impression qu'avaient laissée dans notre esprit nos premières remarques.

Notre séjour à Bagnères ne pouvait pas être assez long pour recueillir, avec le soin et l'exactitude qu'exige une question de cette importance, un nombre suffisant de faits, afin d'arriver à des conclusions sur la valeur médicinale de cette eau ; nous avons cru qu'il était utile de l'expérimenter dans notre service médical au Val-de-Grâce, car c'est seulement dans les hôpitaux que l'on peut réunir toutes les conditions nécessaires pour déterminer d'une manière rigoureuse les effets thérapeutiques, et surtout l'action physiologique des agents de la matière médicale.

Mais avant de l'employer comme médicament chez les malades, et afin de ne pas agir, comme on le fait trop souvent, sous l'influence d'un aveugle empirisme, nous l'avons essayée sur nous-même et sur quelques autres personnes en santé; nous avons étudié tout ce qui avait été antérieurement écrit, tant sous le rapport physico-chimique que sous le point de vue de son emploi dans le traitement des maladies, et nous avons cherché à déterminer les diverses modifications qu'elle est susceptible d'éprouver dans toutes les conditions où elle peut être administrée.

Cette première série de recherches nous a conduit à ce résultat, savoir : que l'eau de Labassère était beaucoup mieux connue sous le rapport de sa composition que sous celui de ses applications à la thérapeutique; que les travaux de MM. Ganderax, Rozière, Fontan, François, Boullay, Gintrac, et spécialement l'analyse encore inédite de M. Filhol, en faisaient connaître avec soin les qualités physiques et chimiques, tandis que son emploi dans les maladies laissait beaucoup à désirer ; car nous n'avons rencontré à ce sujet, dans les diverses publications, que des indications vagues, se perdant dans l'abstraction des généralités, ou quelques observations insuffisantes par le nombre et les détails.

Nous avons pensé que, pour donner à ce travail une valeur plus réelle, nous ne devions pas nous contenter de l'examen de ces matériaux déjà publiés sur la matière et des observations cliniques de notre pratique personnelle; nous avons eu recours, d'une part, à l'obligeance, de notre excellent ami, le docteur Poggiale, professeur de chimie au Val-de-Grâce, qui a bien voulu se charger de faire l'analyse exacte de l'eau transportée à Paris et conservée dans des bouteilles pendant six mois, tandis que, d'un autre côté, MM. les docteurs Subervie, inspecteur actuel des eaux de Bagnères; Galiay (de Tarbes); Rousse, Bruzau et Labayle (de Bagnères); Verdoux (de Labassère), habitués à observer les effets des eaux minérales, ont bien voulu nous communiquer, dans des notes particulières, le fruit de leurs observations sur son emploi dans le traitement des maladies.

C'est le résumé de ces travaux divers, réunis au résultat de notre propre expérience, que nous livrons aujourd'hui à la publicité, dans une pensée de bien public et d'humanité. Et en faisant connaître les avantages que cette eau, bien administrée, pourra procurer au médecin dans un certain nombre de cas, nous croyons être utile à la fois aux malades et à la thérapeutique.

L'étude des eaux minérales, autrefois si négligée, reçoit, de nos jours, une impulsion sans cesse croissante. Cette impulsion tient particulièrement aux progrès constants de la chimie, qui nous fait mieux connaître la nature et la quantité des principes élémentaires qui entrent dans leur composition; à l'amour des voyages, rendus chaque jour plus faciles par la multiplicité et la rapidité des communications, et surtout à l'appréciation plus rigoureuse et moins empirique des vertus médicinales de ces eaux.

Malgré les remarquables travaux qui se publient chaque jour sur la thérapeutique des sources thermales, malgré leurs succès incontestables et fréquents, l'histoire de leur emploi au traitement des maladies est loin d'être aussi complète que celle de leurs qualités physiques et chimiques. A quoi tient cette différence? Elle tient évidemment à cette circonstance, que les indications thérapeutiques qui en réclament l'usage sont moins faciles à déterminer que leur composition, bien que l'analyse la plus minutieuse, avec ses procédés rigoureux et délicats, soit encore loin de la perfection; car, il faut le reconnaître, en dehors des éléments inorganiques et organiques dont elle peut constater la présence, il existe sans doute des principes ou des combinaisons qui lui échappent et qui communiquent à chaque espèce des propriétés spéciales que l'art sera probablement toujours impuissant à imiter.

La chaîne des Pyrénées, depuis Perpignan jusqu'à Bayonne, est, de tous les pays peut-être, celui où le nombre et la variété des eaux minérales sont distribuées avec le plus de profusion. Parmi ces sources, les unes sont naturellement chaudes et les autres froides. Les sels purgatifs dominent dans celles-ci, le fer dans celles-là, et le soufre dans un grand nombre. La composition de quelques unes enfin est tellement complexe, qu'il ne serait pas aisé de dire quel est le principe minéralisateur le plus influent dans leur action thérapeutique.

A cette multiplicité de sources pyrénéennes, à cette variété de compositions et de propriétés médicinales, viennent se joindre les avantages si précieux du climat et des plaisirs; aussi nulle part l'affluence des étrangers n'est plus grande, chaque année, qu'à Bagnères-de-Bigorre, Luchon, Cauterets, Baréges, Bonnes, etc., où les uns se rendent dans le but de calmer leurs souffrances; les autres pour y chercher des distractions, tout en y observant mieux qu'ailleurs les règles de l'hygiène; un certain nombre attirés par la reconnaissance des bons effets qu'ils en ont précédemment obtenus, et la plupart dans le double but d'y retrouver à la fois, dans l'oubli des affaires et loin de l'air insalubre des villes, les plaisirs et la santé.

C'est surtout dans les localités où elles jaillissent que les eaux sulfureuses des Pyrénées jouissent de la plénitude de leur puissance thérapeutique. Quelques unes pourtant, notamment celles de Baréges, de Bonnes, de Cauterets, de Labassère, sont exportées pour être employées en boisson, loin de leurs sources.

Celle de Labassère diffère essentiellement, sous ce rapport, des eaux minéralisées par le soufre; elle possède la remarquable propriété de se conserver longtemps sans s'altérer, ce qui lui donne pour l'exportation, sur toutes, une supériorité que l'on ne saurait lui refuser. C'est pour ainsi dire exclusivement sous ce point de vue qu'elle a fixé notre attention et qu'elle fait l'objet de nos recherches.

Dans ce travail, uniquement guidé par le désir d'être utile, nous chercherons à éviter le double écueil contre lequel ne se mettent pas toujours assez en garde les médecins qui écrivent sur les eaux : l'exagération des uns dans un intérêt local ou personnel, et le scepticisme outré de beaucoup d'autres, qui ont le tort assez fréquent de nier toute puissance thérapeutique aux eaux minérales, par cette seule raison qu'ils n'ont pas été témoins de leurs effets. Nous chercherons à être l'historien fidèle et consciencieux des faits recueillis par les autres ou observés par nous-même, et à donner à tous une interprétation conforme à la vérité.

RECHERCHES

POUR SERVIR A L'HISTOIRE MÉDICALE

DE

L'EAU MINÉRALE SULFUREUSE

DE LABASSÈRE (Hautes-Pyrénées).

I

HISTORIQUE.

La source de Labassère était inconnue jusqu'en 1800 ; la découverte en est due à M. l'abbé Pédefer, curé de la commune, aujourd'hui desservant à Lamarque et âgé de quatre-vingt-dix-huit ans. Nous en laisserons raconter par lui-même toutes les circonstances ; la relation qu'il en donne nous paraît assez intéressante pour lui consacrer une place dans ce travail.

« Arrivé, dit ce vénérable vieillard, à Labassère au mois de juillet 1792, mes premiers instants furent consacrés à connaître les habitants et à maintenir parmi eux la paix et l'esprit religieux troublés par la tourmente révolutionnaire qui commençait à gronder sur la France.

» Quelques années plus tard, et après bien des jours de néfaste souvenir, lorsque je crus que le calme allait succéder à la tempête, je désirai connaître ces belles et vastes montagnes appartenant aux habitants de la commune.

» Pour exécuter ce projet, je choisis pour compagnon de voyage le nommé Jean Barthe, jeune homme de quatorze ans, très intelligent, aujourd'hui géomètre à Bagnères. Armés l'un et l'autre d'un fusil de chasse pour notre défense, nous partîmes de Labassère vers la fin de 1800.

» Après quatre heures de marche, nous arrivâmes au pied de la montagne du *Soc* (1), du haut de laquelle se précipitaient

(1) Ainsi appelée parce qu'elle se termine, au nord, en forme de soc de charrue.

deux torrents, l'un à droite et l'autre à gauche, appelés *Gors* et *Gorset*, qui, se réunissant dans la vallée, prenaient le nom de ruisseau de l'*Oussouet*, venant bientôt confondre ses eaux avec celles de l'Adour, à peu de distance du village de Trébons.

» Après une heure de repos, pressés par la soif, nous demandâmes à un berger qui gardait son troupeau de nous indiquer une fontaine où nous pussions nous désaltérer. Ce qu'il fit aussitôt.

» Nous partîmes alors vers le lieu indiqué, et chemin faisant nous aperçûmes un petit filet d'eau qui coulait lentement de la partie supérieure où nous étions et qui laissait dans son cours une traînée de limon de couleur blanchâtre, semblable à du savon fondu. La curiosité me porta à la goûter. Je lui trouvai un goût de soufre, ce qui me rendit plus désireux d'en connaître la source. Nous y arrivâmes facilement en suivant la traînée blanchâtre que l'eau laissait sur son passage. Nous l'aperçûmes enfin, sortant et coulant difficilement d'un amas considérable de sable et de rochers. Nous en bûmes à plusieurs reprises pour étancher notre soif, malgré son goût nauséabond.

» Surpris et satisfait de cette découverte, je fis toutes les remarques nécessaires pour retrouver facilement la source, puis nous continuâmes notre route par les flancs de la montagne de *Labbarguères*, contiguë à celle du *Soc*, qui forment ensemble la base d'une autre montagne très élevée du côté du midi, appelé pic de l'*Ouscade*, et le plus communément *Mont-Aigu*, au sommet de laquelle, dans un autre voyage, j'aperçus plusieurs noms gravés sur le roc, entre autres ceux de Lapeyrouse et de Dolomieu, savants naturalistes qui, quelques années auparavant, avaient parcouru les Pyrénées.

» Le jour tirait sur son déclin; nous revînmes sur nos pas, traversant le vaste et pittoresque hameau de *Soulagnets*, appartenant à la ville de Bagnères et laissant à notre droite les montagnes d'*Autaïs* et de *Coumets*.

» Ce que je remarquai de plus intéressant dans ce premier voyage, fut sans doute la fontaine sulfureuse; aussi la première fois que j'allai à Bagnères, j'en parlai à M. Ramond, membre de l'Institut, qui me promit de faire prochainement un voyage à Labassère.

» En effet, peu de jours après, il arriva chez moi, accompagné de Lalanne, officier de santé. Je les conduisis sur les lieux, et après avoir bien examiné la substance sulfureuse et goûté l'eau, il me dit : « *Vous avez fait une trouvaille très précieuse.* » *Cette source, une fois connue, pourra être très utile et très salutaire à ceux qui fréquentent les eaux thermales de Bagnères ; elle* » *est peut être aussi d'un grand avenir et la principale richesse de* » *la commune : mais cette source a besoin d'être débarrassée des* » *encombrements qui l'entourent.* » Je ne tardai pas à parler au conseil municipal de tous ces antécédents et à l'engager à faire les travaux nécessaires pour capter cette source. J'insistai surtout sur l'intérêt puissant qui en résulterait pour la commune.

» Le conseil municipal approuva mes observations et envoya presque aussitôt cinquante hommes qui firent une profonde excavation. Elle mit la source à découvert ; mais, quelques jours après elle fut de nouveau comblée à la suite d'une forte pluie d'orage qui fit déborder le *Gorset*. Cet accident déconcerta la commune, qui renonça à reprendre les travaux. Je demandai alors au conseil municipal la concession de cette source pendant l'espace de six ans, ce qui me fut accordé aux conditions : 1° de faire les travaux nécessaires pour capter de nouveau la source et pour la garantir à l'avenir des invasions du *Gorset* ; 2° d'établir au-dessus une cabane bâtie à chaux et à sable ; 3° d'en élever les eaux au moyen d'un tube. Tout cela fut exécuté en trois mois.

» Sur le rapport que lui en fit M. Ramond, M. Sarabeyrouse aîné, savant médecin de Montpellier, désira aussi connaître cette source. Il arriva un jour chez moi, accompagné de M. Lalanne et de M. Lartigue, pharmacien à Bordeaux, qui était à Bagnères pour y faire usage des eaux. Après avoir goûté l'eau, ils en firent l'analyse avec les instruments et les substances dont ils s'étaient munis à cet effet.

» A partir de ce moment, le docteur Sarabeyrouse employa cette eau avec confiance et en obtint de si heureux résultats, qu'en peu de temps elle acquit la réputation aussi grande que méritée dont elle jouit aujourd'hui, parmi les eaux sulfureuses des Pyrénées.

» Deux ans après, M. Chazal, préfet des Hautes-Pyrénées, voulut également connaître la source pour y faire quelques travaux. Il apprit alors que le conseil municipal m'en avait concédé la jouissance. Il annula ce traité qui n'avait pas reçu son approbation, ajoutant qu'il ferait estimer et qu'il me ferait rembourser les dépenses que j'avais faites. Les ouvrages furent estimés à la somme de 500 francs, qui m'est due encore aujourd'hui. Je ne l'ai jamais réclamée avec instance, me trouvant heureux d'avoir ainsi contribué au bien public.

» Depuis ma dépossession, la commune de Labassère a repris la jouissance et la direction de cette source; et, cinq ans après, au mois de septembre 1808, je quittai ce bon peuple de Labassère, non sans regret, mais pour obéir à mes supérieurs ecclésiastiques qui m'envoyèrent à Lamarque en qualité de desservant. »

Cette curieuse relation, écrite à Lamarque, à la date du 21 février 1850, a été déposée, d'après le vœu de son auteur, aux archives de la commune de Labassère par M. le docteur Costallat, de Bagnères. Le conseil municipal, dans sa séance publique du 16 juin 1850, se rendant l'interprète de la reconnaissance de la commune entière envers son bienfaiteur, décide, à l'unanimité, qu'une plaque de marbre sera placée sur la porte de la fontaine, que le nom de l'abbé Pédefer y sera inscrit avec la date de sa découverte, et qu'une copie de la pièce, déposée par M. Costallat, sera mise à la disposition des personnes qui voudront la consulter à la mairie, l'original ne devant jamais sortir des archives.

Tandis que Sarabeyrouse, Lalanne et quelques autres médecins, d'après les données imparfaites fournies par Ramond et Lartigue, prescrivaient l'eau de Labassère à leurs malades, Ganderax, à qui la science et le pays doivent des recherches utiles sur les eaux de Bagnères, reprit, multiplia les observations de ses devanciers, et profita de cette occasion pour agrandir le cercle d'utilité des eaux minérales ressortissant de son inspection. Son premier soin fut d'étudier, avec le concours éclairé de M. Rozière, pharmacien aussi consciencieux que chimiste distingué de Tarbes, les qualités physiques et chimiques de celle de Labassère; et, lorsqu'il en connut plus exactement la composition, il chercha à en déterminer les propriétés médicinales.

Après ces premiers essais, l'eau de Labassère appela promptement de nouvelles explorations de la part de MM. Bertrand, inspecteur des eaux du Mont-d'Or; Boullay, membre de l'Académie de médecine de Paris; Fontan, auteur d'intéressants travaux sur les eaux des Pyrénées; Léon Marchand et Gintrac, médecins renommés de Bordeaux; François, ingénieur en chef des mines, et notre ami le docteur Ch. Ganderax, médecin de l'armée.

Les recherches de ces auteurs avaient amené une connaissance moins rigoureuse de ses propriétés médicinales que de sa constitution chimique. Et pourtant l'analyse en était encore bien imparfaite, puisqu'on n'y avait découvert jusqu'alors qu'une partie de ses principes minéralisateurs, et que l'on n'était parvenu à doser que le sulfure de sodium. Les travaux plus récents de M. Filhol, chimiste déjà célèbre, de Toulouse, et ceux de M. Poggiale, sont venus combler cette lacune autant que le permet l'état actuel de la science chimique. Enfin les observations qu'ont bien voulu nous communiquer MM. Subervie, Galiay, Rousse, Labayle et Verdoux, nous ont été très utiles, et concourent puissamment à l'élucidation de la question médicale. Nous reviendrons en temps utile sur ces travaux que nous ne faisons qu'indiquer ici.

Depuis sa découverte, et sans le concours d'*annonces* ni de *réclames,* l'eau de Labassère a pris une extension déjà considérable; elle doit cette réputation bien moins aux publications scientifiques que nous avons signalées, car elles sont restées presque complétement dans l'oubli, qu'aux nombreuses guérisons dont son usage a été le moyen. Pour donner une idée exacte du mouvement progressif de son importance, il nous suffira de rappeler que, pendant longtemps, on y avait établi un régisseur qui absorbait à peu prés le revenu de la source; que, plus tard, le régisseur fut remplacé par un fermier; qu'en

1820, la ferme ne rapportait que 66 fr.; qu'en 1830, le produit s'élevait à la somme de 400 fr.; en 1839, à celle de 600 fr.; plus tard, à celle de 1,775 fr.; qu'enfin la dernière adjudication, qui a eu lieu le 4 septembre 1850, l'a porté au chiffre de 3,000 fr. Il est certain que ce chiffre de 3,000 fr. sera encore dépassé, car nous avons la conviction que son exportation est loin d'avoir atteint le degré de sa valeur réelle.

II

DESCRIPTION DE LA SOURCE.

La commune de Labassère, dont la population s'élève à peine au chiffre de 6 à 700 habitants, appartient au canton de Bagnères-de-Bigorre dont elle n'est séparée que par un espace de 7 à 8 kilomètres. Le village est situé au milieu des montagnes, dans un site pittoresque, où l'on peut arriver par les hauteurs, ou plus aisément en remontant le cours de l'Oussouet par la vallée de Trébons, qui ne le cède en rien, sous le rapport surtout de la richesse de la végétation, aux plus jolis vallons des Pyrénées.

Jusqu'à présent les communications étaient difficiles; les échanges des denrées entre Bagnères et le fond de ce vallon, de même que l'exportation de l'eau sulfureuse, ne se faisaient qu'à dos d'âne ou de mulet. Une route que l'on construit en ce moment, et dont il reste à peine un kilomètre d'inachevé, permettra incessamment la libre circulation des voitures entre ces deux points, et par conséquent le transport facile de la quantité d'eau minérale nécessaire à l'alimentation de la buvette établie aux bains de Théas à Bagnères.

L'eau de Labassère sort directement du terrain de transition qui domine le vallon de l'Oussouet. Le griffon est immédiat. M. Bertrand a considéré cette source comme ne devant ses propriétés sulfureuses qu'à son passage à travers la tourbe. Il pense qu'avant d'y pénétrer, elle ne possède pas de propriétés hépatiques, et que ces propriétés ne sont que tout à fait accidentelles. Les observations de MM. Ganderax, Boullay, François et Fontan ont déjà fait justice de l'opinion erronée de M. Bertrand, que rien d'ailleurs ne justifie. En effet, les géologues n'ont jamais signalé de banc de tourbe dans le voisinage de la source : il est au contraire parfaitement démontré que l'eau sort d'un terrain schisteux de transition, portant alternance de schiste carbonifère éclatant et de calcaire avec le sulfure ferrugineux, quelques cristaux de macle monochrome et beaucoup d'alun en efflorescence.

Mais la nature du terrain que l'eau traverse n'est pas la seule preuve en faveur de sa sulfuration naturelle ; elle est encore rendue plus évidente par les caractères du liquide, qui sont ceux des sources primitivement sulfureuses. Comme elles, elle dégage de l'azote en quantité notable; son principe minéralisateur est le sulfure de sodium, ou, selon M. Fontan, le sulfhydrate de sulfure de sodium, tandis que celui des sources qui ne sont sulfureuses qu'accidentellement est généralement le sulfure de calcium ; elle ne contient aucune trace d'acide sulfurique, tandis que la barégine et la sulfuraire y abondent.

L'eau de Labassère est donc naturellement, primitivement sulfureuse; et l'erreur de M. Bertrand provient sans doute de ce que sa température est froide à la source, de ce qu'il n'a pas mis à découvert le griffon qui est immédiat et qui se trouve placé derrière la maison où l'on recueille l'eau sortant directement du rocher; de ce qu'il n'a fait que superficiellement l'examen de ses qualités physiques et de sa composition chimique, ou bien peut-être, comme le dit M. Boullay, de ce qu'il a jugé cette source par analogie, et s'appuyant sur une théorie émise par Anglada, qui pensait que les eaux salines de Bagnères avaient pu être primitivement sulfureuses. Mais, d'une part, rien ne justifie l'hypothèse d'Anglada relativement aux eaux de Bagnères ; et d'un autre côté, tout concourt à établir que celles-ci sont tout à fait distinctes de la source de Labassère.

III

PROPRIÉTÉS PHYSIQUES ET CHIMIQUES.

La médecine, dans l'expérimentation d'une eau clinique minérale, ne peut sans doute que marcher dans le vague de l'incertitude et de l'hypothèse, si elle ne prend conseil de la physique et de la chimie; ces deux sciences éclairent le médecin, diminuent les tâtonnements, dégagent ses expériences d'empirisme et les rendent raisonnées. Mais il ne faut pas oublier que l'analyse d'une eau minérale, quelque exacte qu'elle soit, est insuffisante pour préciser les indications de son emploi. Elle n'a une valeur absolue que dans le cas où ses renseignements sont confirmés par l'observation clinique. Et d'ailleurs, le dernier mot de la chimie sur la constitution des eaux est loin de nous être donné; car on découvre chaque jour des éléments nouveaux dans telle eau minérale dont on croyait la composition bien connue; et des eaux qui, pour les chimistes, ont une constitution à peu près identique, ont quelquefois, pour le médecin, des effets bien différents. Le chimiste peut évidemment, à l'aide de ses réactifs et avec la délicatesse de ses procédés, découvrir la nature des principes minéralisateurs et la quantité brute de chacun d'eux; mais il ne pourra probablement jamais déterminer avec quelque précision ces mille combinaisons variées qui doivent résulter de la présence, dans une eau minérale quelconque, de douze, quinze ou vingt corps élémentaires qui entrent dans sa composition; combinaisons déjà incalculables alors que ce liquide jaillit de sa source, et qui éprouvent des modifications infinies sous l'influence d'une autre température ou d'un état électrique différent; du mouvement ou du repos; de son contact avec l'air ou la lumière; de sa conservation en vases clos; de son mélange enfin avec d'autres substances. Mais, malgré ces imperfections, qui tiennent à la nature des choses, le médecin ne saurait se passer de la connaissance aussi exacte que possible, et dans toutes les conditions que nous venons de signaler, de la constitution physique et chimique de l'eau minérale qu'il donne à ses malades comme agent thérapeutique.

Comme on va le voir, nous avons cherché, dans les limites du possible, à remplir toutes ces conditions : nous avons comparé l'analyse faite à la source par MM. Rozière, Fontan et Boullay, avec celle qu'en a faite M. Gintrac après l'avoir aérée, avec celle de MM. Filhol et Poggiale, qui ont opéré, l'un à Toulouse, et l'autre à Paris, sur de l'eau conservée pendant plusieurs mois dans des bouteilles bien bouchées.

La source de Labassère fournit, d'après MM. Fontan et François, 31,680 litres d'eau sulfureuse en 24 heures, quantité équivalente à peu près à celle qui est généralement consommée pour l'entretien de quatre baignoires. Elle est limpide et tout à fait incolore comme l'eau distillée.

Son odeur, à laquelle on s'habitue facilement, est faible et semblable à celle qu'exhale une dissolution légère d'acide sulfhydrique dans l'eau distillée ; elle se développe par l'agitation, par la chaleur et surtout par l'addition de quelques gouttes d'acide chlorhydrique. Elle perd peu à peu son odeur hépatique en la laissant au contact de l'air ; elle reparaît en la traitant par les acides.

Sa saveur est douce et diffère à peine de celle de l'eau potable la plus pure ; et si elle paraît désagréable à quelques personnes, c'est son odeur, impressionnant le sens de l'odorat, qu'il faut en accuser. En la laissant séjourner quelque temps dans la bouche, c'est encore l'odeur qui la rend désagréable plutôt que la saveur, qui reste à peu près la même. Elle est bien plus douce que celle d'Enghien, dont l'âpreté est due à l'abondance des sels calcaires, qui n'existent dans l'eau de Labassère qu'en très faible quantité. Dès qu'on est habitué à son odeur, on l'avale à peu près comme de l'eau pure, sans que la saveur produise la moindre sensation désagréable. M. Ganderax en a fait plusieurs fois usage pendant ses repas, sans mélange, à la source, et sans en éprouver aucun dérangement des fonctions digestives.

Sa densité est un peu plus grande que celle de l'eau distillée. A la température de 15° c., elle est de 1,0029 (Filhol).

Nous avons déjà dit combien il est important de bien préciser le degré de chaleur d'une eau minérale à sa source, combien les variations peuvent en modifier l'action physiologique et thérapeutique, ainsi que les combinaisons des éléments minéralisateurs. En effet, on trouve souvent des eaux, ayant une composition à peu près identique, capables de remplir des indications différentes, uniquement parce que leur action s'exerce à un degré de chaleur qui n'est pas le même. Il arrive aussi quelquefois que le degré de la température naturelle d'une eau influe plus que sa composition sur la préférence qu'on lui donne pour certaines maladies. La température de l'eau de Labassère est à peu près constante, ou du moins elle varie si peu que l'on peut affirmer qu'elle ne reçoit aucune influence notable de la part des fluctuations extérieures de l'atmosphère, de la pression barométrique, ni des autres phénomènes météorologiques. Ganderax, qui, en 1827 et depuis, l'a observée dans toutes les saisons de l'année, principalement en hiver, le thermomètre marquant 9° c. à l'air libre, les environs de la source couverts de neige et l'eau du ruisseau voisin gelée, l'a trouvée de 13°,75 c.; M. Boullay, le 3 août 1839, de 12°,50; M. Fontan, au mois d'octobre 1836, de 12°; en 1841, M. François de 12°,30. Enfin, le 23 octobre 1850, elle marquait au thermomètre de M. Filhol 11°,60, la température du ruisseau voisin étant de 0°,20 c., celle de l'air ambiant de 1°,40, et le sol couvert de neige tout autour de la source. Comme on le voit, la chaleur est à peu près toujours la même, quelle que soit la saison, puisque le maximum, constaté par Ganderax et le minimum par M. Filhol, ont été observés, à peu près dans les mêmes conditions météorologiques, c'est-à-dire le sol étant dans les deux cas couvert de neige. La différence entre les limites extrêmes, qui est de 2°,15 c., et qui n'a d'ailleurs qu'une faible importance sous le rapport de la thérapeutique, est, nous n'en doutons point, plus apparente que réelle, convaincu que nous sommes que c'est à l'inexactitude des instruments et au mode d'expérimentation qu'elle doit être attribuée. La température froide de cette eau est un phénomène remarquable, et qui contraste d'une manière étrange avec la chaleur de la plupart des eaux sulfureuses des Pyrénées, minéralisées par le même agent thérapeutique, et qui, généralement, sont d'autant plus sulfurées que leur température est plus haute à leur source. C'est au moins ce que nous trouvons à Cauterets, à Saint-Sauveur, à Bonnes, aux Eaux-Chaudes, à Baréges, etc.

La source de Labassère est presque la seule des Pyrénées qui offre un puissant degré de minéralisation avec une température aussi basse. Et ce singulier phénomène, qui constitue une exception aux règles les plus générales, ne peut recevoir une explication logique et probable qu'en admettant qu'il dépend de la grande distance qui existe entre le foyer où l'eau se minéralise et le point où elle jaillit à la surface du sol. Ce caractère, dont l'explication d'ailleurs est plus curieuse qu'utile pour le médecin, doit être considéré comme l'une des causes de la stabilité de ses éléments minéralisateurs et de la facilité qu'elle présente pour l'exportation relativement aux eaux de Bonnes, de Cauterets et de Saint-Sauveur, qui s'altèrent promptement par le refroidissement et le repos. Et comme il est plus facile d'élever la température de l'eau de Labassère, sans altération, au degré le plus favorable à son emploi en boisson, que d'abaisser au même degré celle de certaines sources chaudes, ce caractère lui donne, sur beaucoup d'autres, l'avantage de pouvoir mieux proportionner le degré de sa chaleur au degré d'excitation qu'on se propose de produire, et de l'appliquer à un plus grand nombre de cas morbides, bien qu'il ne faille jamais perdre de vue qu'en élevant trop ou trop précipitamment sa chaleur, on peut modifier la nature de ses principes constituants.

L'eau de Labassère, à sa source, laisse échapper de son fond des bulles nombreuses de gaz azote, qui viennent crever à la surface.

Déposée, à la source même, dans des vases bien clos, elle se conserve sans altération, sans perdre sa transparence, sans dépôt de soufre, sans aucune atteinte à ses vertus médicinales, circonstance qui la rend précieuse pour son emploi loin de son point d'origine, et bien supérieure, sous ce rapport, aux eaux chaudes qui par leur degré de sulfuration seraient susceptibles de rivaliser avec elle, si elles ne perdaient, par le refroidissement et la conservation une bonne partie de leurs propriétés thérapeutiques.

Elle laisse déposer, dans les conduits qu'elle traverse, de la sulfuraire mêlée à quelques traces de barégine. M. Filhol n'a jamais trouvé de soufre en dépôt autour d'elle. Ce fait témoigne de sa grande stabilité.

Exposée au contact de l'air, elle perd assez précipitamment son odeur hépatique, et au bout de quelques jours seulement, une partie de sa limpidité; mais jamais, même à la suite d'une aération prolongée et de l'agitation, elle ne devient réellement trouble; et ce n'est qu'avec une grande lenteur que le sulfure de sodium se décompose, tandis que ce même principe s'altère avec une rapidité extrême dans les eaux chaudes minéralisées comme elle.

Chauffée dans un matras bien plein et muni d'un tube propre à recueillir le gaz, elle fournit une petite quantité d'azote, et des traces à peine sensibles d'acide sulfhydrique; et si l'on a eu le soin de désulfurer l'eau par un sel de plomb ou d'argent avant de la faire bouillir, elle fournit un mélange gazeux composé d'azote et d'oxygène (Filhol).

Si l'on élève la température jusqu'au degré de l'ébullition à l'air libre, elle perd une partie de son principe sulfureux; mais refroidie ensuite jusqu'à 12°,50, de chaleur naturelle, elle est encore très sensible à l'action des réactifs (Filhol). Elle ramène franchement au bleu la teinture de tournesol rougie par les acides; elle verdit le sirop de violettes, et précipite en noir les sels de plomb, d'argent et de cuivre. Son caractère d'alcalinité n'est pas dû en entier au sulfure qu'elle renferme; car, si on la désulfure par le plomb, qu'on filtre l'eau désulfurée et qu'on la réduise à un petit volume, elle ramène encore au bleu la teinture de tournesol rougie (Filhol).

C'est surtout sous le rapport de sa composition qu'elle a excité particulièrement l'attention des chimistes et des médecins. Les premiers essais sont dus à Lartigue, Sarabeyrouse et Lalanne; mais c'est à M. Rozière que nous sommes redevables de la première analyse méritant quelque confiance, et ce chimiste expérimenté y avait constaté, sans en déterminer les proportions, la présence de l'acide sulfhydrique, du sulfure de sodium, du carbonate de soude, de la silice, de la barégine ou glairine, et d'une quantité très faible d'acide carbonique.

M. le docteur Fontan, qui a si puissamment contribué à vulgariser les eaux des Pyrénées par les lumières qu'il a jetées sur leur composition et sur leurs vertus médicinales, a fait l'analyse de cette eau : 1° à la source même ; 2° renfermée depuis seize mois dans des bouteilles bien bouchées ; 3° renfermée depuis vingt jours dans des vases mal bouchés ; et dans les trois cas il n'a pas noté de différence remarquable dans la quantité du principe sulfureux. Il a trouvé 0,0455 de sulfure de sodium par litre de liquide. Il la met au rang des sources sulfureuses naturelles les plus riches du premier ordre ; car il n'a trouvé que 0,0384 de la même substance dans la source de la Grande douche de Baréges ; 0,0205 dans celle des Espagnols à Cauterets ; 0,0200 dans celle de la Douche de Saint-Sauveur ; 0,0200 dans celle de la Vieille source de Bonnes, et 0,0060 dans celle du Rey des Eaux-Chaudes.

En 1839, M. Boullay l'a soumise également à l'action des réactifs. Il a trouvé, sans en déterminer les quantités, qu'elle contenait du sulfure de sodium, de la soude libre ou carbonatée, ou peut-être et probablement unie à la silice ; un peu de chlorure de sodium, de l'azote libre, de la barégine, mais nulle trace d'acide sulfurique, de chaux ni de magnésie. Il la considère comme une source naturelle, primitive et non accidentellement sulfurée, comme le pensait M. Bertrand. Il avait trouvé aux environs de la source, et surtout dans le trajet du trop-plein, beaucoup de sulfuraire et de barégine déjà organisée. Les expériences de M. Boullay confirment celles de M. Rozière, si ce n'est le dégagement d'azote, que le premier chimiste avait sans doute pris pour de l'acide carbonique, et le chlorure de sodium pour du carbonate de soude.

Les observations de M. Gintrac, comme celles de M. Fontan, portent spécialement sur la proportion du principe sulfuré qui entre dans sa composition. Il a trouvé 0,0427 de sulfure de sodium dans l'eau conservée quelque temps à l'abri du contact de l'air ; et après avoir agité pendant cinq minutes deux bouteilles à demi remplies, elle donnait encore 0,0378 de la même substance. Elle n'avait perdu, par conséquent, que 0,0049, c'est-à-dire environ 1/9 de son principe minéralisateur. Il attribue la fixité de sa constitution à la température naturellement froide de l'eau. M. Gintrac ne s'est pas contenté de déterminer abstractivement la proportion du sulfure de sodium qu'elle renferme dans les divers états dont nous venons de parler, il l'a examinée comparativement à la quantité du même agent minéralisateur dans les eaux qui ont avec celle-ci le plus d'analogie ; et il est arrivé à ce résultat, savoir, qu'après plusieurs mois de conservation dans des bouteilles bien bouchées, l'eau de la source de César de Cauterets ne contient plus que 0,0155 de sulfure de sodium; celle de la douche de Baréges, 0,0241; celle de la vieille source de Bonnes, 142. Il a démontré enfin que l'eau de la première, conservée pendant vingt-quatre heures dans des bouteilles à demi bouchées, ne renfermait plus que 0,0068; celle de la deuxième, 0,00981; celle de la troisième, 117 de la même substance. Ces expériences que nous avons répétées, et qui nous ont fourni des résultats à peu près semblables, semblent confirmer cette théorie, à savoir, que la stabilité d'une eau minérale sulfureuse est en raison directe de sa plus basse température naturelle. En effet, l'eau de Labassère, dont la température naturelle est de 12° c., ne perd pas sensiblement de son principe sulfureux lorsqu'elle est conservée dans des bouteilles bien bouchées, et 1/9 à peine après l'avoir agitée au contact de l'air ; tandis que l'eau de Cauterets, dont la température est de 48° c., placée dans la première condition, c'est-à-dire conservée pendant quelque temps à l'abri du contact de l'air, perd près de la moitié de son sulfure; celle de Baréges, qui marque 45° c., près d'un tiers, et celle de Bonnes, qui est à 33° c., un peu plus d'un tiers ; et qu'après être restées pendant quelques minutes en rapport avec l'air, les deux premières ne retiennent plus que le quart, et la troisième que la moitié environ de la même substance (1). C'est le résultat que nous venons de signaler qui a porté M. Gintrac à dire que les eaux sulfureuses se conservent d'autant mieux qu'elles sont

(1) E. Gintrac, *Observations sur les principales eaux sulfureuses des Pyrénées*, 1841.

plus froides à leur source, et à considérer ce caractère comme la seule cause de la stabilité de celle de Labassère (1).

Les travaux que nous venons de rapporter ont sans doute de l'importance, mais ils sont incomplets sous le rapport chimique, puisque les uns ne constatent que la présence d'un certain nombre de substances dans l'eau sulfureuse sans en déterminer les proportions, et que ceux de MM. Fontan et Gintrac n'ont eu pour but spécial que la détermination de la quantité du principe sulfureux, tout en négligeant la nature et les proportions des autres substances minéralisatrices. Une analyse complète manquait; elle a été entreprise par MM. Filhol et Poggiale. Le premier a opéré à Toulouse, sur de l'eau conservée pendant plusieurs mois dans des bouteilles bien bouchées, et le deuxième à Paris, dans les mêmes conditions. Les deux chimistes sont arrivés aux mêmes résultats, ou du moins les différences de quelques milligrammes ou de fractions de milligramme sont tellement minimes, qu'on peut les considérer comme insignifiantes et de nulle importance.

Il serait inutile, dans un travail de la nature de celui-ci, de rapporter tous les détails de l'analyse qui seraient très longs ; il nous suffira d'en indiquer avec exactitude le résultat définitif, c'est-à-dire de faire connaître la composition de l'eau.

ANALYSE DE M. FILHOL.

Un litre d'eau de Labassère contient :

Sulfure de sodium	0,0464
— de fer, de cuivre et de manganèse	des traces
Chlorure de sodium	0,2058
— de potassium	0,0036
Carbonate de soude	0,0232
Sulfate de soude, de potasse et de chaux	des traces
Silicate de chaux	0,0452
— d'alumine	0,0007
— de magnésie	0,0096
Alumine en excès	0,0018
Iode	des traces
Matière organisée	0,1450
	0,4813

(1) M. Filhol a trouvé une autre cause de cette stabilité dans l'*alcalinité* de cette eau.

Il a trouvé que le degré sulfhydrométrique de l'eau prise au griffon était de 0,1500, et celui de l'eau conservée pendant deux mois et demi dans des bouteilles bouchées, de 0,1475. Comme on le voit, l'eau transportée et conservée à l'abri du contact de l'air possède presque le même titre que celle prise au griffon.

ANALYSE DE M. POGGIALE.

Un litre d'eau de Labassère contient :

Sulfure de sodium	0,0400
— de fer	des traces
Chlorure de sodium	0,2124
— de potassium	0,00189
Carbonate de soude	0,0233
Sulfate de soude, de potasse et de chaux	des traces
Silicate de chaux	0,0477
— d'alumine	0,00035
— de magnésie	0,0080
Iode	des traces
Matière organisée	0,1630
	49664

La constitution de l'eau de Labassère, comme eau sulfureuse, est remarquable à plus d'un titre :

Par sa température, naturellement froide, elle s'éloigne de la plupart des eaux sulfureuses connues, de celles de *Cauterets*, de *Baréges*, de *Bagnères-de-Luchon*, de *Saint-Sauveur*, des *Eaux-Chaudes*, de *Cambo*, de *Bonnes*, d'*Ax*, d'*Escaladas*, de *Moligt*, du *Vernet*, de *Thuez*, de *Vinça*, d'*Uriage*, de *Saint-Honoré*, de *Gréoulx*, de *Dignes*, de *Bagnols*, de *Castéra-Verduzan*, d'*Arles*, de *Lapreste*, de *Guagno*, d'*Aix-la-Chapelle*, de *Baden*, d'*Aix* en Savoie, de *Schinznach*, de *Pietra-Pola*, qui sont chaudes à leur source ; tandis que ce caractère la rapproche des eaux d'*Enghien*, de *la Roche-Pozay*, de *Gamarde* et de *Cadéac*, qui, comme elle, sont froides.

La nature de son principe minéralisateur la rapproche de celles de *Baréges*, de *Bonnes*, de *Bagnères-de-Luchon*, de *Saint-Sauveur*, de *Cauterets*, des *Eaux-Chaudes*, de *Moligt*, d'*Ax*, d'*Escaladas*, du *Vernet*, de *Vinça*, d'*Arles*, de *Lapreste*, de *Thuez* et de *Guagno*, qui sont minéralisées, comme elle, par le sulfure de sodium ; tandis qu'elle s'éloigne de celles de *Gréoulx* et d'*Uriage*, minéralisées par le sulfure de calcium ; de celles de *Dignes*, de *Bagnols*, de *Cambo*, de *Castéra-Verduzan*, de *Pietra-Pola*, d'*Aix-la-Chapelle*, de *Baden* en Autriche, d'*Aix* en Savoie, de *Saint-Honoré*, de *Schinznach*, de *la Roche-Pozay* et de *Gadarme*, que minéralise l'acide sulfhydrique ; de celle d'*Enghien*, minéralisée à la fois par le sulfure de calcium et une forte proportion d'acide sulfhydrique.

En prenant le chiffre moyen des analyses qui ont été faites, nous trouvons que l'eau de Labassère renferme, par litre de liquide, 44 milligrammes de sulfure de sodium.

Son degré de minéralisation sulfureuse la rapproche des eaux de la *Douche* de *Baréges* (43 millig.); de la *Grotte inférieure* de *Luchon* (40 millig.), et d'*Arles* (40 millig.). Elle est moins forte que les eaux de *Bagnères-de-Luchon* (79 millig.); du *Vernet* (60 millig.), et de *Guagno* (100 millig.). Elle est, au contraire, bien plus riche que les eaux de la *Vieille source* de *Bonnes* (21 millig.); de la *Raillière* à *Cauterets* (20 millig.); de *Saint-Sauveur* (24 millig.); des *Eaux-Chaudes* (10 millig.); d'*Escaladas* (30 millig.); de *Vinça* (25 millig.); de *Moligt* (30 millig.); de *Lapreste* (10 millig.), et d'*Ax* (10 millig.).

Elle contient, comme les eaux de Bagnères-de-Luchon, un peu d'alumine, que l'on ne retrouve ni à Baréges, ni à Bonnes, ni à Cauterets.

La forte proportion de chlorure qu'elle renferme la met sous ce rapport au-dessus de l'eau de Bonnes, c'est-à-dire en tête des plus chlorurées des Pyrénées.

Son peu d'altérabilité par le repos, le transport, la conservation même à l'air libre, la distingue de toutes les eaux chaudes des Pyrénées, des autres contrées de la France, de la Corse, de l'Allemagne, qui s'affaiblissent et s'altèrent promptement dès qu'on les a recueillies à leur source, alors même qu'on les place dans des vases hermétiquement fermés, et quelle que soit la nature du principe sulfureux qui les minéralise.

En se rappelant les faits que nous venons d'exposer, on voit que l'eau de Labassère se distingue : 1° de la plupart des eaux sulfureuses par sa température; 2° d'un grand nombre par la nature de son principe minéralisateur; 3° de quelques unes par les proportions de sulfure de sodium qu'elle renferme; 4° de presque toutes par sa richesse en chlorures; 5° de beaucoup par la faible proportion de sels calcaires qu'elle contient; 6° d'autres enfin par ses propriétés alcalines bien prononcées.

Nous pouvons dire enfin que cette eau n'a d'analogie parfaite avec aucune eau sulfureuse connue, qu'elle diffère de toutes par quelque caractère important, qu'elle possède un certain nombre de propriétés physiques et chimiques dont la réunion constitue un type particulier et qui procurent à ses éléments minéralisateurs une stabilité remarquable. Cette stabilité, selon nous et selon M. Filhol, provient particulièrement et à la fois de sa réaction fortement alcaline, et de sa température naturellement froide; elle lui donne sur toutes les eaux sulfureuses connues, pour l'exportation et l'emploi loin des sources, une supériorité incontestable.

IV

ACTION PHYSIOLOGIQUE.

La connaissance des propriétés physiques et chimiques d'une eau minérale ne suffit pas au médecin pour en faire l'application à la thérapeutique; il est encore utile et même indispensable d'en bien connaître l'action physiologique sur les diverses fonctions de l'organisme vivant. Et dans les recherches de cette nature il ne doit pas négliger de distinguer l'action immédiate ou préventive, de l'action secondaire ou consécutive; elles peuvent être l'une et l'autre la source d'indications précieuses pour la guérison des maladies. C'est cette action physiologique que nous allons examiner maintenant. Ce sera le résumé de nos expériences faites sur nous-même, sur quelques personnes en bonne santé, sur les malades auxquels elle a été administrée, et de l'opinion des médecins qui en ont souvent conseillé l'usage.

Tous les médecins qui l'ont employée s'accordent à la considérer comme un agent excitant d'une certaine puissance; et cette excitation s'annonce généralement peu de temps après en avoir commencé l'usage par un surcroît dans l'activité de la plupart des fonctions : la digestion devient plus active, le pouls plus fort et plus fréquent, l'hématose plus parfaite, la calorification plus puissante, la sensibilité plus grande. Cette activité s'accompagne, en outre, d'autres phénomènes, variables selon les individus. Examinons successivement son action sur les diverses fonctions à des doses thérapeutiques.

L'action qu'elle exerce sur les fonctions de l'estomac n'est pas toujours la même. Ordinairement, au début de son usage, elle éveille l'appétit, facilite la digestion sans provoquer aucun malaise. D'autres fois, mais très rarement, elle fait éprouver de la pesanteur épigastrique, de l'anorexie et développe tous les phénomèmes de l'embarras gastrique; nous l'avons vue deux fois, dès la première dose, déterminer des nausées et des vomissements. Mais c'est plutôt à la répugnance que l'odeur inspire à quelques individus, qu'à ses propriétés réelles, que cet effet doit être ordinairement attribué. En général, à une dose modérée, elle est sans effet appréciable sur les actes intestinaux ; chez quelques sujets, nous l'avons vue s'accompagner de constipation, mais bien plus souvent de diarrhée. Et, à part les cas exceptionnels où son usage provoque de l'anorexie, des nausées, des vomissements, de l'embarras gastrique, de la diarrhée, tout en augmentant la force digestive de l'estomac et des intestins, elle favorise l'assimilation qu'elle rend plus complète et plus efficace.

La circulation reçoit promptement sa part d'influence de l'emploi de l'eau de Labassère ; elle ne tarde pas à prendre plus d'énergie. En général, le pouls acquiert un peu plus de fréquence, comme à la suite de tous les excitants ; peu à peu cette fréquence s'accompagne d'une force et d'une ampleur plus marquées, qui persistent plus ou moins longtemps après la cessation de son emploi. Cette persistance est l'effet de l'accroissement des forces radicales par l'énergie plus grande des forces digestives. Chez un homme atteint de phthisie pulmonaire, à la période du ramollissement tuberculeux, nous avons vu le pouls, de 96 pulsations par minute, tomber peu à peu à 80 dans l'espace d'un mois ; il gagnait en même temps en largeur ce qu'il perdait en fréquence. Nous ne l'avons jamais vue entraîner une diminution immédiate et la fréquence du pouls ; cette diminution, quand elle a lieu, ne s'opère que très lentement chez les malades, en même temps qu'une modification salutaire a lieu dans la lésion organique qui est la cause du mouvement fébrile. Et ce phénomène tient alors, non pas à l'action directe de l'eau sulfureuse sur la fonction circulatoire, mais bien à la marche favorable que prend la maladie qui diminue l'intensité de la fièvre.

La respiration et la chaleur éprouvent les mêmes influences que la fonction circulatoire. Généralement elles reviennent sensiblement plus actives, l'hématose plus parfaite et la chaleur de la peau plus prononcée. Dans ces maladies, la fréquence respiratoire et la chaleur morbide sont susceptibles quelquefois de se modérer de même que la circulation. L'activité que prennent la circulation, la respiration et la calorification, constitue un petit mouvement fébrile artificiel, capable de stimuler tout l'organisme vivant, de ranimer les actes d'organes engourdis ou faibles, de rétablir certaines sécrétions détruites ou paresseuses, de régulariser la distribution vicieuse des fluides vivants, de provoquer les efforts médicateurs de la nature, de préparer les mouvements critiques et le retour à la santé. Cette fièvre artificielle, que l'on peut faire naître à volonté, que l'on peut généralement maintenir au degré que l'on désire, peut être comparée, sous beaucoup de rapports, au mouvement fébrile spontané que développe souvent la force médicatrice pour la guérison des maladies. Cette stimulation doit être surveillée avec la plus grande attention ; elle a besoin, pour être efficace, d'être maintenue à une certaine unité qu'il serait dangereux de dépasser. Bien ménagée, bien régularisée, cette excitation peut avoir la plus heureuse influence sur la marche des maladies chroniques dont la résolution n'est le plus souvent possible qu'à l'aide des excitants, qui ont pour mission, non seulement de stimuler l'organe malade, mais aussi d'activer les fonctions de l'économie tout entière. Cette stimulation est encore plus à surveiller que l'excitation locale : c'est elle particulièrement qui peut donner au médecin la mesure de ce qu'il est en droit d'attendre de l'agent médicamenteux qu'il emploie.

Ordinairement, lorsque l'usage en est modéré, la sensibilité générale ne s'accroît que d'une manière lente et progressive ; mais, pour peu que les doses en soient exagérées, il n'est pas rare de lui voir produire, notamment chez les sujets faibles, les femmes et les enfants nerveux, des malaises, de l'agitation et même de l'insomnie. Il est même des personnes tellement excitables qu'elles sont forcées, dès les premiers jours, de renoncer à son emploi, même à des doses très faibles.

Une des propriétés les plus importantes de l'eau de Labassère est d'imprimer à quelques sécrétions une certaine énergie qu'elles n'avaient pas auparavant. La peau, les reins et la muqueuse sont les organes qui en reçoivent généralement l'influence la plus directe comme la plus heureuse. Elle produit, de même que toutes les préparations du soufre, un effet excitant sur la peau, qui se traduit quelquefois par des démangeaisons plus ou moins vives, mais surtout par une disposition notable à la transpiration. Pendant son usage, le corps se couvre ordinairement de sueur sous l'influence d'une chaleur peu élevée ou du moindre mouvement. C'est par cette voie qu'elle effectue, le plus souvent, ses effets curatifs, soit que l'on considère les sueurs comme des excrétions révulsives ou comme des mouvements critiques. Ces effets sont d'autant plus puissants qu'ils s'étendent à une large surface. Quelquefois, au lieu de démangeaisons ou de sueurs isolées, on observe à la fois ces deux phénomènes, qui, l'un et l'autre, exercent une action curative favorable sur les solutions morbides.

Presque constamment elle stimule la sécrétion urinaire, qui non seulement devient notablement plus abondante, mais aussi plus colorée, moins limpide, et relativement plus chargée de sédiments, après quelques jours de son usage.

Elle semble réveiller l'activité de toutes les muqueuses, mais notamment de la muqueuse pulmonaire, dont elle augmente d'abord la sécrétion en facilitant l'expulsion des produits sécrétés, qu'elle modifie ensuite et qu'elle finit par tarir plus tard. La muqueuse bronchique est tellement accessible à son action qu'on dirait qu'elle a sur elle une sorte de spécificité.

Les organes parenchymateux eux-mêmes ne restent pas

indifférents à ces effets. En augmentant l'activité de la circulation générale, en activant vers tel ou tel d'entre eux l'énergie des mouvements fluxionnaires, elle peut, dans certains cas, y déterminer des congestions morbides, et dans d'autres circonstances, alors qu'ils sont frappés de débilité et d'atonie, préparer la résolution plus ou moins immédiate des engorgements passifs dont ils sont le siége. Cette action excitante sur les organes parenchymateux doit rendre le médecin très circonspect dans son emploi ; car tel degré de stimulation peut préparer efficacement la résolution de telle hypérémie passive et ancienne ; tandis que tel autre degré, un peu plus avancé, serait capable d'y provoquer une irritation, une fluxion plus active, une congestion plus ou moins violente, une apoplexie, enfin, qui pourrait devenir mortelle.

Son action tonique sur les organes n'est pas moins certaine que son pouvoir stimulant ; mais cette action est indirecte, et ce n'est qu'après avoir éveillé préalablement les forces digestives, après les avoir disposées favorablement, par une stimulation légère, à s'assimiler d'une manière plus efficace la matière alibile, qu'elle est susceptible de les fortifier.

D'après ce que nous venons de dire, il est facile de se faire une juste idée de la prudence qui doit présider à l'emploi de ce médicament, et combien il serait dangereux pour les malades, dans des affections pouvant avoir quelque danger, de s'en tenir à leur instinct, de s'en rapporter aux avis d'une personne étrangère à la pratique médicale et incapable de mesurer exactement l'effet qu'il produit sur les actes de la vie.

Sa puissance stimulante ne sera contestée par personne, et nous venons de voir que, d'une part, elle stimule les fonctions de la circulation, de la respiration, de la calorification et de l'innervation ; qu'elle active, d'un autre côté, la digestion, l'assimilation et les sécrétions ; qu'enfin elle a, pour effet définitif, une nutrition plus parfaite des organes. Mais nous devons faire remarquer qu'il ne faut pas s'attendre à lui voir produire des effets semblables chez tous les individus ; ils peuvent varier selon la nature du malade qui en fait usage, selon le caractère de la maladie dont il est atteint, et suivant la température de l'eau au moment de son administration. Son action est, en général, plus sensible chez les individus pléthoriques, nerveux, bilieux ou sanguins, chez les sujets jeunes et chez les femmes; les hommes lymphatiques et d'un âge avancé la supportent, au contraire, plus facilement et sans grande réaction fonctionnelle. La température au moment de son administration peut avoir aussi une influence que le médecin ne doit pas perdre de vue; elle sera généralement plutôt pectorale et diaphorétique si on la fait prendre chaude; elle favorisera de préférence la sécrétion urinaire que la transpiration si on la donne à sa chaleur naturelle. Tantôt elle agit à la fois sur toutes les fonctions; plus souvent elle porte son action de préférence sur l'une d'elles. Tantôt elle excite toutes les sécrétions; mais, dans la généralité des cas, l'une d'elles en ressent plus particulièrement l'influence, et quelquefois elle porte son action sur telle fonction qu'elle exalte en même temps qu'une autre perd de son activité : c'est ce qui arrive souvent pour l'urine, dont la quantité diminue alors qu'elle provoque d'abondantes sueurs. Au contraire, la peau a de la tendance à rester sèche, si les sécrétions rénale et intestinale sont copieuses. Enfin nous avons vu, dans quelques cas, la transpiration, l'urine, les matières intestinales et les crachats simultanément augmentés, au point qu'il eût été difficile de dire laquelle de ces fonctions était plus particulièrement influencée de la part du liquide médicamenteux. Tout cela se comprend et s'explique quand on connaît la mobilité des dispositions individuelles et la variété d'action des agents médicamenteux sur l'économie vivante. Le médecin doit être prévenu de la multiplicité de ces effets, dont il lui sera quelquefois possible de modifier la nature en variant la dose du médicament, sa température, son mode d'administration, les moyens de l'hygiène et de la matière médicale qui font partie du traitement. Le médecin seul pourra tirer parti de toutes les qualités dont jouit ce médicament, et proportionner les doses aux effets qu'il est utile de produire pour la guérison des maladies.

La composition complexe de l'eau de Labassère peut, jusqu'à un certain point, nous donner la raison des effets physiologiques variés que nous venons de signaler. L'excitation générale, le mouvement fébrile s'expliquent aisément par les propriétés excitantes des sels, et notamment du sulfure de sodium qu'elle renferme. La peau, les muqueuses, et surtout la muqueuse pulmonaire, sont tellement accessibles à l'action des préparations qui ont le soufre pour base, que l'on peut presque dire que les eaux sulfureuses ont sur ces organes une sorte de spécificité. Ses propriétés purgatives et diurétiques s'expliquent par la présence des sels alcalins. On connaît peu l'action, soit physiologique, soit thérapeutique de la silice; mais ce qu'il y a d'extrêmement probable, c'est que les silicates qu'elle renferme en assez forte proportion, c'est que l'iode, l'alumine, le fer et la matière organique qui y abonde ne restent pas complétement étrangers à ses effets médicinaux.

En ne tenant compte que de la quantité totale des matériaux solides qui entrent dans la composition de l'eau de Labassère, on pourrait être surpris de l'action puissante qu'elle exerce sur les fonctions et dans la guérison des maladies; mais l'étonnement n'est plus permis dès que l'on considère la nature et la quantité relative de substance minéralisatrice, dont la puissance est singulièrement favorisée par l'absence presque complète de sels calcaires.

Nous avons raisonné jusqu'à présent comme si l'eau qui nous occupe n'agissait sur nos organes et sur nos fonctions qu'en vertu de son pouvoir stimulant, à la manière de tous les agents excitants de la matière médicale; nous devons ici chercher à déterminer si, en outre de cette propriété stimulante, elle ne jouit pas d'une autre qualité qui lui soit propre. Son action stimulante directe et son action révulsive ne sauraient être mises en doute, et nous reconnaissons que souvent ces propriétés ont la part la plus active dans la guérison des maladies; mais il est évident pour nous que les effets qu'elle produit, dans beaucoup de cas, ne sauraient être provoqués par aucune substance simple de la classe des excitants. La médication excitante est sans doute la plus facile à constater dans ses effets; mais cette excitation s'accompagne assurément d'une action altérante qui lui est propre, et c'est sans doute cette dernière qui lui constitue ce caractère spécial qu'elle tient, comme chacune des eaux minérales, de la nature de ses principes constituants et de la diversité de leur combinaison, dont la physique et la chimie sont impuissantes à nous révéler la nature intime et le nombre. Si les eaux sulfureuses, et en particulier celle de Labassère, n'agissaient que par leur pouvoir excitant, pourquoi ne produirait-on pas des effets identiques avec tous les autres stimulants, et spécialement avec les eaux minérales artificielles dont il serait aussi facile de ménager et de diriger l'action? En n'envisageant que sa propriété stimulante, il n'est pas possible d'expliquer tous ses effets curatifs dans quelques affections : nous sommes donc forcé de lui reconnaître, en outre de son pouvoir excitant général et révulsif, une propriété spéciale dont on ne peut pas, dans l'état actuel de nos connaissances, apprécier la nature, et que l'on doit nécessairement attribuer aux combinaisons si complexes des agents minéralisateurs qui la constituent. C'est cette propriété spéciale qui décide son utilité dans tel cas particulier.

V

EMPLOI ET MODE D'ADMINISTRATION.

« C'est au lieu même des sources minérales, dit Anglada dans son remarquable ouvrage sur les eaux minérales des Pyrénées, que les eaux sulfureuses jouissent de toute leur efficacité et que l'emploi thérapeutique déploie toute sa puissance, à cause de la mobilité de leur composition, parce que le principe sulfureux se dénature et disparaît sous l'influence d'une légère aération et surtout par les manipulations qu'exige le transport (1). » Il cite les eaux d'Arles et de Moligt, parmi les eaux des Pyrénées, comme pouvant être transportées au loin et gardées quelque temps pour être employées ailleurs qu'au lieu où elles sourdent.

« Mais, ajoute-t-il, quelques précautions qu'on prenne pour transporter ces eaux, il faut souscrire à une déperdition ;

(1) Anglada, t. II, p. 418.

elle est inévitable; ni les soins les plus minutieux, ni les précautions les mieux soignées pour boucher hermétiquement les vases ne peuvent empêcher qu'une portion des matériaux sulfureux ne subisse une transformation. »

L'eau de Labassère échappe heureusement à cette sentence du savant médecin de Montpellier; elle constitue une merveilleuse exception à ce principe, posé d'abord par Taberna-Montanus, reproduit par Hoffmann (1), accepté plus tard par Anglada et par la grande généralité des médecins. Comme nous l'avons surabondamment démontré, elle peut être transportée et conservée des mois et même des années dans des vases bien bouchés, sans subir aucune altération notable dans sa constitution physico-chimique et sans perdre aucune de ses propriétés médicinales. Les habitants du pays connaissent si bien ce précieux caractère, que c'est dans leurs maisons qu'ils la boivent, et que ce n'est que tout à fait exceptionnellement que quelques individus en font usage à la source même.

De même que toutes les eaux sulfureuses, elle pourrait être employée en bains, en douches, en lotions, en injections; mais nous avons déjà dit qu'elle n'était généralement mise en usage qu'en boisson. Nous ne devons l'envisager ici que sous ce point de vue.

Dans le voisinage de la source et dans les départements du Midi, on l'emploie fréquemment sous cette forme; on la transporte dans des bouteilles exactement fermées.

Mais c'est surtout à Bagnères-de-Bigorre que l'on en fait une grande consommation, et l'usage en est si généralisé dans cette localité, pendant la saison thermale, que nous croyons devoir faire connaître les ressources qu'elle est susceptible de fournir à la ville, de même que les moyens les plus propres à l'utiliser.

Chacun sait que Bagnères est la ville des Pyrénées que la Providence semble avoir choisie pour y réunir toutes les conditions les plus favorables à la conservation de la santé et à la guérison des maladies. Elle est bâtie sur un sol sablonneux reposant sur une nappe d'eau, où viennent jaillir abondamment

(1) Hoffmann, *Op.*, t. IV, § xv.

une trentaine de sources minérales offrant à la thérapeutique de nombreuses variétés d'eaux salines et ferrugineuses. Elle est située à 567 mètres au-dessus du niveau de la mer, au pied du revers occidental de la première chaîne des Pyrénées, au centre d'une vallée délicieuse où l'air vif et léger dilate la poitrine librement. Elle est entourée de sites pittoresques, riches et gracieux, de promenades charmantes pratiquées par les soins de la nature et embellies par la main de l'homme; ses rues sont d'une propreté remarquable, larges, unies, bien percées, et parcourues des deux côtés par un ruisseau clair et limpide, dont l'écoulement continu est ménagé par une pente douce et uniforme, servant aux nettoyages, et répandant dans l'atmosphère une vapeur fraîche qui contribue à maintenir l'air qu'on y respire à un degré de température peu variable. Les appartements, dans des maisons simples mais élégantes, souvent entourées de jardins fleuris, sont bien aérés, bien distribués et à un prix très modéré. Les ressources alimentaires sont abondantes et variées. L'atmosphère est vive, pure, rafraîchie par la rosée abondante de la nuit et par de fréquentes pluies d'orage, aromatisée par la plante odoriférante des jardins de la ville et des coteaux voisins, et rarement troublée par des variations brusques et profondes, comme dans la plupart des autres lieux voisins. Le climat y est tempéré; on n'y retrouve ni les chaleurs brûlantes de la plaine, ni le froid rigoureux des hautes montagnes; la température, dont la moyenne annuelle est de 11°,68 c., s'accroît avec régularité, et sans secousse brusque, d'environ 2° c. par mois depuis janvier jusqu'en juillet, reste stationnaire en juillet et en août, et décroît ensuite jusqu'au mois de janvier suivant, où elle atteint le minimum annuel (1).

(1) D'après un relevé de dix ans, de 1825 à 1835, fait par Ganderax, les moyennes de la chaleur mensuelle sont distribuées de la manière suivante : janvier, 4° c.; février, 6°,23; mars, 9°,22; avril, 11°,61; mai, 14°; juin, 16°,33; juillet, 18°,61; août, 18°,33; septembre, 16°; octobre, 13°; novembre, 7°,72; décembre, 5°,72. — La moyenne de la température annuelle varie à peine ; le minimum pendant la même période de dix ans, observé en 1839, a été de 11°,50; le maximum, qui a eu lieu en 1834, de 12°,802, et la moyenne générale de 11°,68. La différence entre les deux extrêmes est à peine de 1°,30 c. (Thèse de M. Ch. Ganderax.)

Il est difficile de rencontrer en d'autres lieux, pendant les mois de mai, de juin, de juillet, d'août et de septembre, une chaleur moins variable et plus tempérée ; elle oscille pendant ces cinq mois, qui sont l'époque de l'année la plus favorable à l'usage des eaux, entre 14° et 18° c.; 16° en représentent la moyenne : c'est la température qui convient généralement le mieux à l'homme pour l'accomplissement normal et régulier de ses fonctions, dans l'état de santé ou de maladie.

Joignez à ces conditions d'hygiène que l'étranger retrouve tous les ans, à Bagnères, pendant la saison thermale, des bals, des concerts, des réunions, le spectacle, et vous comprendrez que cette charmante ville devienne, chaque année, depuis mai jusqu'en octobre, le rendez-vous d'une société nombreuse, composée de personnages de tous les rangs et de tous les pays.

Si à tant de précieuses ressources de toute espèce Bagnères pouvait joindre une source sulfureuse assez fortement minéralisée et assez abondante pour avoir quelques baignoires et fournir en boisson de l'eau hépatique à ses baigneurs, on pourrait dire que son importance thérapeutique serait complète.

Des recherches à ce sujet ont été faites dans tous les temps ; elles sont jusqu'à présent restées sans résultat (1).

Depuis plusieurs années, et dans le but de remplir, en partie, cette lacune, on avait conçu l'idée d'amener à Bagnères, à l'aide d'un conduit spécial, l'eau de Labassère, et d'y établir une buvette à laquelle pourraient puiser, comme à la source même, les malades auxquels l'eau sulfureuse serait prescrite. Les difficultés de l'entreprise, et surtout les frais considérables qu'elle devait entraîner, ont fait renoncer à la réalisation de ce projet.

Cependant un grand nombre de personnes, les unes parce

(1) Nous venons d'apprendre que l'on venait de faire, au centre même de la ville, la découverte d'une source sulfureuse. La composition de l'eau n'est pas encore connue ; mais, d'après les renseignements qui nous ont été transmis, la source ne fournirait qu'une faible quantité d'eau, dont le faible degré de minéralisation ne permettrait pas de réaliser les espérances qu'elle avait fait naître.

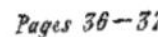

DÉTAILS

D'un appareil conservateur du principe sulfureux.

POUR

la Buvette des eaux de Labassère

AUX BAINS DE THÉAS.

A Bagnères de Bigorre.

PLAN Fig. 1re

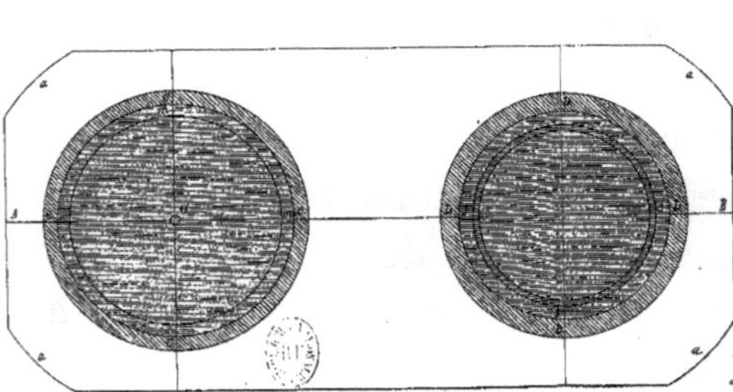

COUPE verticale selon A B du plan.

et élévation longitudinale.

Fig. 2me

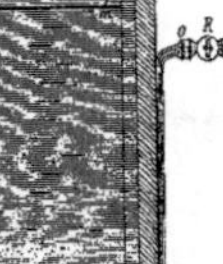

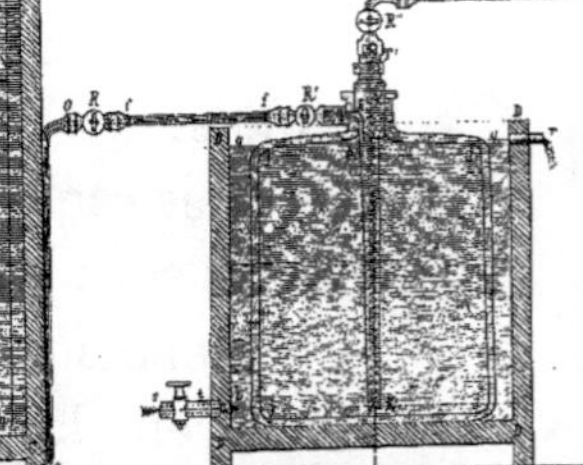

Réduit au 1/40.

que le climat de Bagnères est le seul compatible avec leur état de santé, d'autres parce que l'eau sulfureuse leur est utile en même temps que les eaux salines, y font usage, pendant la saison thermale, de l'eau de Labassère. Un service régulier s'établissait, chaque année, pour le transport de l'eau nécessaire à la consommation. Ce système n'avait d'autre inconvénient pour les malades qui en faisaient usage, si ce n'est le prix du médicament qui était trop élevé pour la classe moyenne et pauvre, et la difficulté d'en porter la température au degré convenable.

La consommation de cette eau médicamenteuse devenant chaque année plus considérable à Bagnères pendant la saison des eaux, le premier de ces systèmes n'étant appliqué ni peut-être applicable, et le second devenant insuffisant ou trop onéreux, un Bagnerais dont le désintéressement et le constant désir de contribuer à la prospérité locale sont connus dans la ville et le département, vient de faire construire, d'après les dessins du savant ingénieur François, et sous sa surveillance spéciale, un appareil intermédiaire aux deux précédents systèmes, qui offrira les avantages du premier sans avoir les inconvénients de l'autre.

Cet appareil simple et ingénieux, représenté dans la planche que nous croyons devoir reproduire pour en faire mieux comprendre le mécanisme, se compose d'un plateau a, a, a, a de chêne, reposant sur un support de maçonnerie et supportant les deux cuves de bois de chêne c, c, c, c, et D, D, D, D. La cuve C, C, convenablement remplie d'eau saturée de sel marin, reçoit le gazomètre m, m, m, m, représenté en traits gris clair dans sa position la plus haute, et en traits noirs dans sa position la plus basse. La partie supérieure porte une tige z, z verticale, glissant dans un guide v, x, y. La partie supérieure de la cloche est construite de manière que sur la partie horizontale et circulaire P, P, on place à volonté des disques circulaires de plomb pour charger la cloche et maintenir le gaz intérieur sous une pression de 25° c. d'eau. Enfin, un tuyau de plomb o, o, o, o, de 0,01 de diamètre intérieur, prend le gaz à la partie inférieure de la cloche pour le porter vers le robinet R.

La seconde cuve D, D, plus petite, est destinée à recevoir une jarre de porcelaine J, J, J, J, de la capacité de 25 litres. Elle reçoit, à la partie inférieure, par le robinet S, t, t, un filet d'eau amené par un conduit de plomb de 0,02, d'une des sources chaudes de l'établissement thermal de Théas, qui la remplit jusqu'au niveau q, q du trop-plein r. Ce courant continu est destiné à réchauffer et à maintenir à une température déterminée l'eau de Labassère enfermée dans la jarre.

Le gazomètre est préalablement rempli de gaz azote. Le goulot de la jarre porte latéralement une tubulure T sur laquelle est monté un robinet R'. Les robinets R et R' sont à boule, à raccord et reliés entre eux par un tuyau de caoutchouc sulfuré. La tubulure T correspond à un petit canal h, h, creusé dans le bouchon, qui permet de mettre à volonté l'intérieur de la jarre en communication avec le gazomètre par le jeu des robinets R et R', et en tournant le bouchon de la jarre.

Quand une jarre, remplie à la source de Labassère avec toutes les précautions convenables, doit servir à la buvette, elle est placée dans la cuve D, D, et l'on substitue à son bouchon ordinaire le bouchon K, K', percé d'un canal longitudinal de 5 à 6 millimètres et muni d'ailleurs du petit canolet h, h, qui plonge jusqu'au K', à 5 millimètres du fond, et qui présente en T une tubulure munie d'un robinet R''. Le robinet R'' a son extrémité supérieure coudée et munie d'un raccord qui reçoit, à sa volonté, un simple dégorgeoir pour recevoir l'eau sulfureuse ou un tuyau de caoutchouc aboutissant au robinet de la buvette.

La jarre, convenablement chauffée et mise en communication, par les robinets R, R' et le canal h, h, avec le gazomètre réglé, en raison de la pression sous laquelle est maintenu le gaz, l'eau sulfureuse chaude du vase s'élève dans le bouchon K, K' et peut s'écouler à volonté par le robinet R'' jusqu'à épuisement complet du réservoir, qui, une fois vide, est remplacé par un autre, après toutefois avoir refoulé dans le gazomètre le gaz qui le remplit : opération très facile en déchargeant le gazomètre des disques de plomb qui le chargent, et mettant le robinet R″ en communication avec le courant d'eau minérale chaude, dont la forte pression le refoule promptement.

Le nombre de cuves D,D et des jarres chauffées simultanément pourra varier à volonté, selon les besoins.

A l'aide de cet appareil dont le mécanisme est fort simple, Bagnères pourra fournir, à un prix très minime, à ses baigneurs, pendant la saison des eaux et dans des conditions plus favorables qu'à la source même, de l'eau de Labassère, puisée quelques heures auparavant, jouissant de toutes ses propriétés naturelles, chauffée au bain-marie, à l'abri du contact de l'air, et maintenue à une température constante par l'eau de Théas, naturellement chaude.

C'est là une ressource précieuse pour un grand nombre d'individus qui, pour des raisons de climat, de fortune, ou autres, ne pourraient se rendre ni à Bonnes, ni à Cauterets, ni à Saint-Sauveur, etc.; ou pour ceux auxquels, à cause d'affections morbides complexes, les eaux salines de Bagnères et les eaux sulfureuses en boisson sont à la fois ou alternativement nécessaires.

Mais l'eau sulfureuse de Labassère, avons-nous dit, n'est pas uniquement destinée à être employée à Bagnères ou dans les localités voisines de sa source, la sphère de son utilité est plus grande; elle peut être expédiée et transportée dans tous les pays, sans être exposée à perdre aucune de ses propriétés médicinales, pourvu qu'elle soit conservée avec les soins convenables.

Les précautions à prendre pour la recueillir sont trop simples et trop connues pour mériter de nous arrêter; nous dirons seulement qu'elle doit être placée, à la source même, le plus promptement possible, dans des jarres si elle doit être consommée à la buvette de Bagnères, et dans des bouteilles qui doivent être bien bouchées et capsulées, alors qu'on la destine à l'exportation. Elle se conserve d'autant mieux qu'elle se trouve dans un lieu plus frais : aussi doit-on, autant que possible, la placer dans une cave si l'on a l'intention de la conserver longtemps.

On peut prendre l'eau de Labassère en tout temps; cependant s'il est loisible de choisir, la saison tempérée est l'époque la plus favorable pour en seconder les effets. On doit, autant que possible, en suspendre l'usage pendant les trop fortes chaleurs de l'été et le froid trop rigoureux de l'hiver, qui tous deux pourraient être nuisibles, le premier par son action énervante, et l'hiver par ses effets trop toniques. Les mois de mai, juin, septembre et octobre sont généralement le moment où l'eau sulfureuse peut le plus facilement déployer toute l'énergie de sa puissance thérapeutique. Mais en évitant les excès de la chaleur pendant la saison chaude, du froid et de l'humidité pendant l'hiver, on retirera encore de son usage, dans beaucoup de cas, des avantages précieux. Nous l'avons employée avec succès en toute saison, en secondant ses effets par les moyens de l'hygiène.

Le matin, à jeun, est le moment le plus convenable pour son administration; l'estomac, libre de tout travail digestif, est plus accessible aux agents médicamenteux. Pour peu que la quantité en soit élevée, on la prendra en deux fois, à demi-heure d'intervalle environ, et avec le soin de ne manger qu'au moins une heure après la dernière dose. Pourtant, en raison des doses prescrites, du besoin pour le malade de manger de bonne heure ou de la grande susceptibilité de l'organe gastrique, on pourra, sans grand inconvénient, en donner vers le milieu de la journée, ou mieux encore le soir en se couchant, pourvu que son ingestion ne soit pas trop rapprochée des repas, que son effet et le travail digestif ne se nuisent pas réciproquement.

Le degré de chaleur auquel il convient de la donner n'est pas toujours le même; il devra varier selon les sujets et les effets que l'on se propose spécialement de provoquer. Tous les médecins qui l'ont expérimentée dans les maladies de poitrine donnent l'avis de la chauffer au bain-marie. M. Verdoux la donne froide ou chaude au gré des malades, dans le traitement de la pellagre. La température qui, dans la grande généralité des cas et sans distinction de maladie, est plus propice, est celle de 34° à 36° c., qui donne à la bouche plutôt une sensation de chaleur que de froid. On l'obtient au bain-marie, alors qu'elle doit être employée seule, sans lui faire subir au cune altération notable; car c'est à peine à ce degré si l'odeur hépatique devient un peu plus sensible, tandis qu'on n'en élèverait pas impunément la chaleur à un degré de beaucoup supérieur et surtout en la chauffant trop brusquement et sans bain-marie. Dans les cas particuliers où le médecin aura pour but de provoquer immédiatement d'abondantes sueurs, notamment dans les affections de l'appareil respiratoire, il pourra en élever la chaleur à 48°, 50° et même 55° c.; elle compensera par ses effets particuliers, avec avantage, la faible déperdition du principe sulfureux. Lorsqu'au contraire on compte plutôt sur l'effet secondaire que sur son effet primitif, il nous a paru aussi avantageux de la donner froide ou à peine dégourdie, à une chaleur de 28° à 32° c. Il est bon d'ailleurs, sous ce rapport, de consulter, et dans la plupart des cas de tenir compte du goût du malade.

Elle peut être administrée sans mélange ou mélangée avec d'autres boissons sucrées. Ces mélanges ont lieu dans le but de masquer en partie son odeur, ou pour lui servir d'auxiliaire dans sa médication. Le lait de vache ou d'ânesse sucré est le liquide qui, dans la grande généralité des cas, nous a paru le plus convenable; c'est celui d'ailleurs que recommandent plus particulièrement tous les praticiens. Les proportions de ce mélange n'ont rien de fixe : tantôt il se compose de parties égales des deux liquides ; assez souvent on réduit le lait sucré à un tiers, un quart ou un cinquième, selon la nature de la maladie et les désirs du malade. Une solution de gomme arabique, une décoction d'orge, de chiendent, ou toute autre tisane sucrée, pourvu qu'elle ne renferme aucun principe capable d'altérer la composition de l'eau minérale, peuvent remplacer le lait dans beaucoup de cas, sans nuire en aucune façon aux effets du médicament, ni à la marche de la maladie. Dans les cas, et ce sont les plus nombreux, où l'eau doit être mélangée avec un autre liquide, au lieu de la chauffer au bain-marie (1), il est préférable de prendre le liquide assez

(1) Ce que nous disons ici ne s'applique pas à l'appareil caléfacteur de Théas, où l'eau minérale est chauffée au bain-marie, à l'abri du contact de l'air, sans aucune perte de son principe sulfureux.

chaud pour élever au degré que l'on veut avoir la température du mélange, que l'on obtiendra, dans les conditions les plus favorables, en versant, au moment même de le boire, le liquide plus ou moins chaud, suivant sa quantité relative, sur l'eau sulfureuse. De cette façon le mélange se fait mieux que si l'on versait l'eau minérale sur le liquide sucré chaud ; le médicament perd moins de son principe sulfureux, et l'on peut plus aisément régler la chaleur de la boisson.

La dose à laquelle l'eau de Labassère peut être donnée varie selon l'âge du malade, son sexe, son tempérament, sa constitution, le degré d'excitabilité et de tolérance gastrique ; selon la nature de la maladie, sa période et sa complication.

Quelquefois, dans l'espoir de se débarrasser plus promptement de la maladie dont on est atteint, sans calculer la portée des accidents qui peuvent résulter de son usage intempestif ou immodéré, sans se préoccuper de l'importance d'en régulariser l'emploi, d'en proportionner les doses à l'effet que le médecin se propose d'atteindre, à la susceptibilité nerveuse générale ou de l'estomac, on en exagère, au début, la quantité, et l'imprudence commise amène parfois des revers qu'il eût été facile, non seulement d'éviter, mais souvent de transformer en succès réels, en usant d'un peu plus de circonspection, en proportionnant avec plus de mesure la dose du médicament à l'irritabilité du malade et à la nature de la maladie.

Il est toujours prudent de débuter par des quantités faibles, et d'en augmenter progressivement la dose jusqu'à ce qu'elle soit jugée suffisante pour produire les effets que l'on se propose d'obtenir. De cette façon, il s'établit généralement une tolérance gastrique qui permet aux malades de supporter des doses qui, au début des traitements, auraient provoqué quelquefois des troubles fonctionnels plus ou moins sérieux. Chez l'homme adulte ou à un âge avancé, on peut ordinairement sans danger, à moins d'un mouvement pyrétique, commencer par un demi-verre par jour, prise en deux fois, pure ou mélangée, et augmenter d'un quart de verre chaque jour ou tous les deux jours, suivant les effets produits, jusqu'à un demi-litre dans les vingt-quatre heures. Lorsque, après huit à dix jours, on est arrivé à cette limite que la prudence permet rarement de dépasser, on peut maintenir plus ou moins longtemps cette dose, en ne perdant toutefois jamais de vue l'état des fonctions de la sensibilité, de la digestion, de la circulation et de la chaleur animale. On diminuera ensuite peu à peu la dose en suivant, en sens inverse, la même gradation que pour son augmentation, jusqu'à ce que l'on soit arrivé à la dose primitive, qu'il sera bon, généralement, de continuer jusqu'à la disparition complète de tout phénomène morbide.

Bien entendu, quelles que soient la dose et la forme du médicament employé, on devra en diminuer la quantité ou en supprimer l'usage sur-le-champ, si elle produit sur le malade des effets trop excitants ou d'autres phénomènes insolites qu'il serait possible de lui attribuer. Chez les enfants, le huitième d'un verre suffit ordinairement au début, et rarement, chez eux, on peut dépasser la dose d'un demi-verre. Les femmes, en général très excitables, ne doivent en prendre d'abord qu'un quart de verre et même quelquefois moins; deux verres sont à peu près la limite extrême que la prudence permet d'atteindre, dans la plupart des cas, chez elles, sans s'exposer à quelques accidents.

Généralement, les malades supportent d'autant mieux l'eau de Labassère que leur affection est plus ancienne, qu'elle est exempte de complications et de fièvre. Les complications méritent une grande attention de la part du médecin; ce sont elles qui, très souvent, lui fournissent les indications propres à lui en faire modifier la quantité et le mode d'administration.

Dans les maladies chroniques, dont le traitement est toujours long, il arrive fréquemment que les malades se fatiguent, après un certain temps, de l'eau sulfureuse; dans ce cas, au lieu de faire violence à cette répugnance, il est prudent d'en suspendre l'emploi pour laisser aux organes digestifs la faculté de revenir à leur état physiologique et d'en recommencer ensuite l'usage, en suivant les mêmes principes, dès que le dégoût et les troubles fonctionnels se sont dissipés. Quelquefois, alors que le malade prend l'eau sans mélange, on peut remédier aux phénomènes gastriques ou d'excitation générale qu'elle entraîne en l'associant à un liquide sucré. Nous avons vu plusieurs fois des individus ne pouvant en supporter des quantités très faibles, en digérer des doses bien plus fortes avec du lait ou une autre boisson sucrée. On peut ainsi et sans inconvénient continuer le traitement sulfureux pendant six, huit, dix mois et même davantage. Au reste, on comprendra sans peine qu'il est impossible de poser des règles absolues à cet égard, et que c'est au praticien qui la conseille et qui en suit les effets, à en varier, selon les circonstances particulières, la dose et le mode d'administration.

L'usage de l'eau de Labassère ne réclame généralement aucune médication préalable ; quelquefois, cependant, il est bon, avant de l'employer, de combattre certains phénomènes morbides qui pourraient être un obstacle plus ou moins puissant au résultat de son action thérapeutique. Le fonctionnement régulier des organes digestifs est une condition importante pour qu'elle puisse exercer sur l'économie toute l'énergie de sa vertu médicatrice. L'embarras gastrique très fréquent sera combattu par les vomitifs ; la diarrhée, par des boissons féculentes et l'opium, la constipation, l'embarras intestinal ; par les purgatifs ; la pléthore prononcée avec disposition aux mouvements fluxionnaires vers les organes parenchymateux, par les émissions sanguines et les délayants ; l'anémie par les préparations ferrugineuses et un régime substantiel, etc.

L'intervention préalable et quelquefois simultanée de ces divers moyens peut devenir très utile au malade, mais nous ne pouvons, dans un travail de cette nature, qu'établir des lois générales, laissant au médecin le soin de déterminer, dans chaque cas particulier, les divers phénomènes pathologiques susceptibles de faire suspendre ou modifier le traitement sulfureux.

Mais, si la prudence fait un devoir au médecin d'être sobre de moyens thérapeutiques pendant l'usage de l'eau de Labassère, l'hygiène ne doit jamais être négligée ; ses ressources sont un puissant secours pour en seconder les effets et assurer à sa puissance toute son efficacité. Le régime alimentaire, les exercices, les vétements, les distractions, les plaisirs doivent être surveillés par le médecin. Nous l'avons vue quelquefois provoquer un appétit fort et factice; dans ce cas, il faut prendre garde de trop surcharger l'estomac par une quantité trop grande d'aliments; la difficulté de la digestion qui en résulterait presque à coup sûr, ajoutée à la stimulation causée directement par le liquide sulfureux, pourrait entraîner des effets fâcheux, si le médecin négligeait de les prévenir. Les aliments de facile digestion, substantiels et non excitants en proportion modérée; la distribution régulière des repas, de manière que le travail digestif ne soit pas trop voisin de l'injection du médicament, sont généralement favorables à la médication générale. Au reste, il faut le dire, l'application des règles de l'hygiène doit varier pour chaque individu, suivant la nature de son mal et de ses dispositions particulières.

Nous ne voulons pas terminer ce chapitre sans résumer, en quelques mots, les principales circonstances qui contre-indiquent l'emploi de l'eau de Labassère.

On peut l'employer dans l'enfance, mais ce n'est jamais qu'avec une très grande circonspection, car elle produit souvent chez les enfants, pour peu que la dose en soit élevée, des accidents nerveux susceptibles de devenir très graves, notamment à l'époque de la première dentition où les convulsions sont fréquentes et une grande cause de mortalité. En général, l'usage en est d'autant plus inoffensif qu'on s'éloigne davantage du moment de la naissance; mais dans la première enfance même, elle peut rendre de grands services dans le traitement de quelques maladies.

Chez la femme, si l'écoulement sanguin est régulier et pas trop copieux, on peut, sans danger, en continuer l'usage pendant la période menstruelle. La surabondance des règles doit en faire suspendre l'emploi, qui, augmentant nécessairement l'intensité des mouvements fluxionnaires vers l'organe utérin, pourrait transformer en hémorrhagie morbide et grave une simple sur-exhalation physiologique. On comprendra, par la même raison, que ce n'est que dans les cas d'urgence et avec une extrême prudence que l'on pourra en permettre l'usage pendant la grossesse après le troisième ou quatrième mois, à l'époque de l'âge critique, surtout si la femme a quelques dispositions aux hémorrhagies de l'utérus.

Ce n'est qu'avec une sage réserve qu'elle pourra être mise en usage chez les sujets adonnés aux boissons alcooliques; chez les hommes pléthoriques, irritables, ou chez lesquels les tempéraments sanguin ou nerveux sont trop prédominants; chez les individus disposés aux mouvements fluxionnaires trop impétueux vers un organe parenchymateux; chez ceux qui sont prédisposés aux vertiges, aux éblouissements, aux phlegmasies aiguës, aux hémorrhagies actives. On doit surtout en redouter l'emploi dans l'hémoptysie et l'hématémèse active; et l'apparition de ces phénomènes pendant son emploi doit y faire renoncer sur-le-champ.

La fièvre, quelle qu'en soit la cause, pour peu qu'elle soit intense, est une contre-indication à son emploi. Elle est, en général, nuisible toutes les fois que l'affection pour laquelle on la donne se complique d'une maladie franchement aiguë, quels qu'en soient la nature et le siége spécial. A la suite des maladies aiguës, on ne doit en commencer ou en recommencer l'usage qu'au moment où le malade est sorti de cet état d'éréthisme ou d'excitation générale, pendant lequel la réaction fébrile est encore facile à éveiller, et lorsque les congestions morbides, si fréquentes à la suite des affections pyrétiques, sont tout à fait passives et dégagées de tout mouvement fluxionnaire du fluide sanguin. On doit en suspendre l'emploi, en diminuer la dose ou l'associer à quelque boisson calmante, toutes les fois qu'elle détermine une exaltation trop grande de la sensibilité, une excitation prononcée, un état fébrile d'une certaine intensité, un mouvement fluxionnaire un peu violent vers un viscère important, des phénomènes d'embarras gastrique, de la dyspepsie, des vomissements ou une diarrhée trop abondante. Elle sera presque constamment nuisible dans les cachexies scorbutique et cancéreuse, alors que ces affections s'accompagnent d'une réaction fébrile un peu violente; et ce n'est qu'avec une surveillance active et constante qu'on peut la donner dans la tuberculisation pulmonaire à la période du ramollissement. La stimulation générale et locale qu'elle peut entraîner dans ces cas est susceptible de faire marcher avec plus d'activité la lésion organique, et d'aggraver en même temps les phénomènes de réaction générale. La goutte et le rhumatisme, tant qu'ils conservent le moindre caractère d'acuité, exigent une très grande prudence de la part du médecin et du malade ; sous l'influence de la cause la plus légère, la dose du médicament étant même très faible, nous avons vu quelquefois la maladie rhumatismale reprendre un caractère aigu.

Toutes les maladies du cœur où les palpitations dominent ; les affections de l'axe nerveux cérébro-rachidien ayant quelque tendance à devenir aiguës ; les névroses graves, telles que l'épilepsie, la catalepsie, la folie, s'aggravent presque constamment par son usage ; enfin ce n'est qu'avec la plus grande réserve qu'on doit la conseiller dans les phlegmasies chroniques qui montrent quelques dispositions à l'acuité ; et il est urgent d'en suspendre promptement l'usage, alors que l'état de chronicité est remplacé par des signes d'inflammation aiguë.

VI

EFFETS THÉRAPEUTIQUES.

Maintenant que nous connaissons les propriétés physiques de l'eau de Labassère, sa composition chimique dans toutes les conditions où elle est susceptible d'être employée, l'action physiologique qu'elle exerce sur nos organes et sur nos appareils, les diverses préparations que réclame son emploi, les moyens de la conserver, les doses auxquelles il convient de l'administrer et les principales circonstances qui peuvent s'opposer à son usage, nous pourrons, avec quelque sécurité, aborder la question thérapeutique ou son application au traitement des maladies. C'est la partie capitale de ce travail, dont les autres ne sont, si nous pouvons nous exprimer ainsi, qu'une indispensable introduction.

S'il suffisait de connaître la composition d'une eau minérale pour devancer l'expérience, pour en déduire ses effets thérapeutiques ; si toutes les eaux sulfureuses avaient une constitution identique et des effets communs, l'expérimentation clinique de l'eau de Labassère n'aurait qu'une curiosité stérile, puisque nous avons étudié avec soin ses qualités physico-chimiques, puisque les propriétés médicinales des eaux de Baréges, de Bonnes, de Saint-Sauveur, de Cauterets, qui ont avec elle de nombreux rapports, nous sont parfaitement connues. Mais il n'en est pas ainsi; et nous l'avons déjà dit, si l'analyse chimique peut nous démontrer la présence de tel et tel principe élémentaire dans une eau minérale, elle est impuissante à nous révéler les combinaisons variées qui résultent de leur contact; si toutes les eaux sulfureuses ont entre elles quelque point de rapprochement, il n'en existe pas deux dans la nature entière dont tous les caractères soient identiques, et celle qui nous occupe s'éloigne de toutes les autres par quelque qualité importante. L'analyse clinique est donc nécessaire; elle seule est capable de déterminer avec précision les cas dans lesquels l'eau de Labassère est indiquée, ceux où elle pourrait être nuisible, ceux enfin où elle doit être préférée à telle autre eau sulfureuse ayant avec elle plus ou moins de ressemblance.

En parcourant les nombreux écrits qui traitent des eaux minérales, on doit être surpris de la riche nomenclature des maladies que chacune d'elles est, au dire de leurs auteurs, spécialement appelée à guérir; mais quand on vient à faire un examen sérieux et sévère des faits qui servent de base à ses travaux, on déplore souvent la légèreté avec laquelle les conclusions en ont été déduites. Les observations, généralement tronquées, permettent fréquemment le doute sur la nature de la maladie; les insuccès sont passés sous silence, et parmi un grand nombre de guérisons annoncées avec éclat, et que l'on met toujours sur le compte absolu du médicament, quelques unes se seraient opérées sans doute sans son concours, à l'aide des ressources de l'hygiène et de la force médicatrice de la nature, agents médicateurs puissants, avec lesquels pourtant beaucoup de médecins ne comptent pas assez souvent.

En faisant connaître les propriétés médicinales de cette eau minérale, nous ne sommes guidés par aucun intérêt personnel ni de localité ; nous la considérons, non pas comme un objet d'exploitation locale, mais bien comme un agent thérapeutique pouvant, comme tout autre médicament, être transporté et employé partout sans altération d'aucune de ses propriétés, et destiné à fournir à la matière médicale une substance capable de produire, employée en boisson et loin du lieu de son origine, à peu près les mêmes effets thérapeutiques que les eaux de Bonnes, de Bagnères-de Luchon, de Cauterets, etc., à leur source. Et même, pour nous mettre en garde contre cette espèce d'entraînement dont ne peuvent pas toujours se défendre les hommes même les plus consciencieux, qui les porte invinciblement à exalter la valeur du sujet qui fait l'objet de leurs méditations, nous ferons concourir de préférence à la rédaction de ce chapitre les faits les plus intéressants qui nous ont été transmis par nos honorables confrères déjà cités, bien que ceux recueillis par nous-même soient assez nombreux et assez évidents pour arriver aux mêmes conclusions.

Avant d'indiquer, d'une manière générale, l'action thérapeutique de l'eau de Labassère, jetons un coup d'œil rapide sur l'opinion de quelques médecins qui ont l'habitude de la prescrire depuis plus ou moins longtemps.

M. Subervie la conseille non seulement dans la bronchite chronique avec expectoration plus ou moins abondante, mais encore il pense qu'elle exerce une action particulière dans la plupart des troubles des voies respiratoires, une action en quelque sorte spécifique, dont l'effet, dit-il, embrasse plusieurs variétés du même genre. Il en a retiré de bons effets dans certains états congestionnels du parenchyme pulmonaire, sans toux ni crachats, qui se produisent chez certaines personnes et qui ne présentent encore aucun signe de lésion organique ; dans les enrouements persistants par suite de la suppression de la transpiration ou qui succèdent à la fatigue des organes de la voix ; dans ces toux nerveuses, vibrantes, convulsives, dont l'étiologie difficile à établir échappe, le plus souvent, à l'appréciation du médecin ; dans les écoulements leucorrhéiques, après avoir vainement employé d'autres moyens, dans les affections scrofuleuses, surtout lorsqu'il y a exagération de la sécrétion des muqueuses et débilité consécutive. Il est tellement convaincu de son utilité dans les affections de poitrine, qu'il la prescrit dans tous les cas où les organes de la respiration semblent simplement débilités ou prédisposés à des maladies. Et, bien qu'il soit difficile de déterminer, à Bagnères, la part d'action réelle qu'elle peut prendre dans le traitement des maladies de la peau, employée en boisson, parce que l'action puissante et simultanée des bains de la localité, et notamment de ceux du Foulon, ne permet guère de l'isoler, il affirme que les éléments salins et sulfureux ne paraissent nullement se contrarier, ni mettre, par conséquent, un obstacle à leurs effets curatifs.

Depuis trente ans que M. Labayle exerce la médecine à Bagnères, dans les environs et à Labassère en particulier, il n'a pas cessé de la prescrire et d'en retirer constamment les meilleurs effets. Il l'a employée avec le plus grand succès dans les catarrhes anciens de la poitrine, dans l'asthme humide, la faiblesse de l'estomac et des intestins, la paresse des fonctions digestives, alors qu'elle est le résultat de l'atonie, et dans les affections dartreuses. « Je pourrais citer, dit-il, bon nombre de personnes qui doivent leur salut à son usage, ou qui en ont éprouvé un soulagement marqué toutes les fois qu'elles y ont recouru dans ces affections. »

Au dire de M. Galiay, elle peut être donnée, avec de véritables avantages, dans les maladies scrofuleuses, les tubercules pulmonaires et abdominaux, particulièrement dans les catarrhes chroniques des bronches « où elle est, dit-il, d'un effet merveilleux et presque spécifique. » Dans toutes ces maladies il lui donne la préférence sur celles de Cauterets, quoique étant chargées des mêmes principes, parce qu'étant à une température plus basse à la source, elle ne perd rien par le transport.

M. le docteur Bruzau, depuis le temps qu'il pratique à Bagnères, a eu souvent l'occasion d'en étudier les propriétés, et de reconnaître qu'outre son action spéciale sur les organes respiratoires, elle en possède une autre plus générale et plus profonde qui vient en aide à la première dans les maladies qui, comme la phthisie pulmonaire, reconnaissent pour cause un vice de la constitution. Selon lui, elle guérit avec une merveilleuse facilité, les laryngites, les bronchites, les pneumonies chroniques, et jouit d'une efficacité remarquable dans la phthisie pulmonaire. Il pense que son action s'exerce d'abord en détruisant les symptômes locaux et généraux de la maladie, et puis sur l'organisme à la manière des altérants. « On voit souvent, dit-il, la toux devenir peu à peu plus rare, l'expectoration moins abondante et d'un meilleur aspect, les sueurs et la diarrhée se supprimer, la fièvre diminuer ou tomber, les forces revenir et les signes physiques tirés de l'auscultation et de la percussion se modifier dans le même sens. » Il ajoute que, dans les inflammations chroniques, il suffit d'avoir détruit ces symptômes évidents pour espérer d'avoir guéri la maladie, tandis que dans les cas de tuberculisation pulmonaire, après la diminution notable ou même la disparition complète des phénomènes morbides, il convient d'en continuer longtemps l'usage, de l'interrompre plus tard, et de le reprendre par la suite, deux ou trois fois par an pendant deux ou trois mois, selon l'exigence des cas, à des doses variées selon le degré d'irritabilité générale de la susceptibilité gastrique du sujet, qu'il y ait ou non des accidents nouveaux, de manière à tenir l'organisme, pendant des années, dans la pression du remède qui le modifie si heureusement.

Elle convient, selon le docteur Rousse, dans presque toutes les affections chroniques de l'appareil respiratoire, alors qu'il s'agit de favoriser l'expectoration, d'en diminuer peu à peu la quantité, et dans toutes les affections où les eaux sulfureuses sont indiquées. Il la considère comme nuisible dans toutes les maladies aiguës, dans les phlegmasies chroniques lorsque la chronicité est remplacée par un état aigu, et dans les cas où les viscères sont frappés d'une désorganisation grave dont la marche est généralement hâtée par toute circonstance capable d'accélérer la circulation. Il a reconnu qu'elle convient mieux chez les individus d'un tempérament lymphatique qu'à ceux d'un tempérament nerveux ou sanguin, chez lesquels son emploi, dit-il, doit être spécialement surveillé et quelquefois combiné avec d'autres moyens, tels que la saignée, les sangsues, etc. Il cite un fait remarquable d'un individu qui, à la suite de l'usage immodéré du mercure, employé à deux époques différentes, pour se débarrasser chaque fois d'une affection syphilitique, était devenu sourd, aphone, taciturne, comme hébété, et chez lequel il s'était développé des exostoses dans presque toutes les parties du système osseux. Cet état, après avoir résisté aux mille moyens employés pour le combattre, avait complétement cédé à l'usage, pendant deux mois, de l'eau de Labassère. Il a également obtenu par son emploi à l'intérieur la guérison complète, chez un homme de trente-huit ans, sanguin et très fort, d'un rhumatisme articulaire chronique qu'il attribue à la suppression de la transpiration des pieds, traité quinze mois auparavant par les saignées, par les bains et les douches de Bagnères. Chez ce malade, les articulations des genoux étaient restées sensibles, très gonflées, et depuis onze mois la marche était tout à fait impossible. L'eau sulfureuse, prise chaque jour à la dose de deux verres, provoqua d'abondantes transpirations générales, ramena la sueur des pieds, la diminution progressive et puis la disparition totale de la douleur et du gonflement articulaire après deux mois de traitement. Il pense enfin qu'elle est susceptible de guérir presque constamment les fièvres intermittentes contractées dans les pays chauds et rebelles au sulfate de quinine, ou que ce médicament ne fait qu'amender; et à l'appui de cette assertion il rapporte l'exemple de 27 militaires qu'il a eu occasion de traiter, qui, ayant contracté la maladie en Afrique, s'étaient rendus à Bagnères avec des congés de convalescence. L'usage de l'eau de Labassère et les règles de l'hygiène ont non seulement dissipé chez tous ces malades les accès de fièvre intermittente, mais aussi et très promptement les engorgements viscéraux qui en étaient la suite.

C'est surtout dans le catarrhe pulmonaire chronique que Ganderax l'employait avec succès; et souvent il retirait de bons résultats de son action tonique pour préparer l'estomac à l'effet plus excitant de la source ferrugineuse dans les cas où l'organe digestif était réfractaire à celle-ci.

M. le docteur Léon Marchand la considère comme très efficace dans la bronchite chronique et certaines variétés d'asthme.

Et M. Ch. Ganderax, qui le premier l'a employée en 1838 à Paris, en obtint un excellent résultat chez une jeune personne atteinte d'un catarrhe pulmonaire chronique. Il la regarde, sous le rapport thérapeutique, comme ayant une grande analogie avec l'eau de Bonnes; il lui attribue une action spéciale sur les maladies de la peau; il pense qu'elle convient particulièrement dans les maladies chroniques du larynx et des bronches, et qu'en modifiant l'inflammation chronique qui accompagne la phthisie pulmonaire, elle peut, dans quelques cas, en enrayer la marche.

Nous venons de lire, dans un ouvrage publié récemment par M. le docteur C. James (1), un article sur l'eau de Labassère. Cet article étonnera sans doute les médecins qui la connaissent, qui en ont entendu parler ou qui ont été témoins de ses effets. S'il n'était pas l'œuvre d'un auteur bien connu, on serait tenté de croire qu'il a été écrit plutôt par un industriel intéressé à laisser cette eau dans l'oubli au profit de quelque autre source minérale, que par un médecin jaloux de multiplier les moyens thérapeutiques. Comme le livre de M. James, qui porte le nom d'un médecin distingué, sera sans doute consulté fréquemment par ses confrères et les malades, nous croyons, dans l'intérêt de la vérité, devoir réfuter ses assertions en ce qui touche l'eau de Labassère, et nous pouvons dès à présent affirmer que, si l'ouvrage entier de M. James était rédigé avec la même négligence ou la même partialité que l'article en question, il ne devrait pas inspirer grande confiance, et que les malades et les médecins auraient de l'avantage à se servir d'un autre guide que celui de cet auteur.

M. James dit : « *On ne parle à Bagnères que de cette source*

(1) *Guide pratique aux principales eaux minérales de France, de Belgique, d'Allemagne, de Suisse et d'Italie*, par le docteur Constantin James, p. 121.

(source de Labassère) *et de ses propriétés merveilleuses qui réuniraient pour le moins toutes celles de la Raillière et de Bonnes. Il semble qu'elle doive dédommager la ville de l'absence de source sulfureuse. J'avoue qu'il m'a été impossible de comprendre cette espèce d'enthousiasme. Sans doute l'eau de Labassère appartient à la classe des eaux sulfureuses naturelles, et elle contient* 0,0427 *de sulfure de sodium.* » M. James s'exagère l'enthousiasme des habitants de Bagnères pour cette source. Ils apprécient ses propriétés, mais ne s'occupent d'elle que lorsqu'ils ont besoin de recourir à son usage. Il est possible que quelques personnes, par reconnaissance ou tout autre sentiment, en parlent avec enthousiasme et lui attribuent des vertus merveilleuses ; mais les hommes compétents, les médecins, n'en parlent que comme d'une eau utile, plus fortement sulfurée que celles de Bonnes, de Baréges, de Cauterets et de Saint-Sauveur, aux propriétés desquelles ils la comparent et auxquelles ils la préfèrent pour son emploi loin de la source, parce qu'elle ne s'altère pas par le transport, comme l'eau des sources voisines. C'est là, ce nous semble, non pas de l'enthousiasme, mais un jugement dont l'analyse chimique et l'observation clinique démontrent la justesse; et, puisque M. James admet qu'elle appartient à la classe des eaux sulfureuses naturelles et qu'elle contient 0,0427 de sulfure de sodium, c'est-à-dire le double de la quantité qui minéralise les eaux de Bonnes, de Cauterets et de Saint-Sauveur, nous sommes fort étonné qu'il lui soit impossible de partager, sinon l'enthousiasme de quelques individus incompétents, au moins l'opinion sage et fondée sur l'expérience des médecins du pays.

M. James ajoute : « *Mais c'est une source froide.* » C'est précisément parce qu'elle est froide qu'elle est capable de remplir certaines indications mieux que les eaux chaudes de Bonnes, de Cauterets et de Saint-Sauveur ; c'est parce qu'elle est froide qu'elle ne s'altère pas en se refroidissant comme celles-ci, et qu'elle est infiniment plus propre qu'elles à l'exportation. C'est à ce caractère qu'elle doit cet avantage de pouvoir se réchauffer sans perdre ses propriétés, tandis qu'elles ne peuvent se refroidir et se conserver quelque temps sans subir une altération profonde dans leur constitution.

Il continue : « *Elle est à huit kilomètres de la ville, sur une des hauteurs du Mont-Aigu dont l'accès est très difficile.* » La première proposition est vraie ; mais, en deux heures au plus, elle peut être transportée à Bagnères, et puis qu'importe un peu plus ou un peu moins de distance, dès que ce transport s'en opère facilement, à peu de frais, sans porter aucune atteinte à ses propriétés médicinales ? La seconde proposition est inexacte : la route qui conduit de Labassère à Bagnères est à peu près terminée, et constitue une des plus jolies et des plus douces promenades des Pyrénées. D'ailleurs personne n'a jamais songé à aller boire cette eau à la source, attendu qu'elle conserve à distance toute sa vertu médicatrice.

M. James dit encore : « *Comme il n'y a pas d'établissement thermal, on ne peut y prendre des bains, et on ne la boit que transportée.* » Tout cela est parfaitement exact. On n'a pas eu l'idée de créer à Labassère un établissement qui, en raison de la température de l'eau naturellement froide et d'une foule d'autres circonstances, n'aurait pu rivaliser avec les établissements voisins. Cette eau, nous le répétons, n'a jamais été envisagée sérieusement que sous le point de vue de son emploi ailleurs qu'à la source ; sa grande stabilité en favorise le transport. Les habitants du pays savent si bien qu'elle se conserve, qu'au lieu de se donner la peine d'aller la boire à la source, ils s'en servent toujours dans leurs maisons.

« *Je comprends*, ajoute le même auteur, *que les gens du pays en tirent tout le parti possible ; mais quel médecin s'avisera jamais d'envoyer des malades à Labassère, alors qu'il existe dans les Pyrénées tant de sources sulfureuses qui ont toutes ses propriétés, et de beaucoup plus importantes encore, sans avoir aucun de ses inconvénients ?* » Ici M. James a oublié qu'il n'y a pas d'établissement thermal à Labassère, et qu'il serait complétement inutile d'envoyer les malades pour leur faire boire l'eau de la source, attendu que le transport en est si facile, qu'ils peuvent en faire usage chez eux, à volonté et sans aucun dérangement. Il a oublié également qu'étant une des eaux les plus fortement minéralisées des Pyrénées, il n'en existe pas un si grand nombre qui soient douées de ses propriétés et de *beaucoup plus importantes*. Nous ne comprenons pas les inconvénients dont il veut parler.

Il dit enfin : « *Que Bagnères sache se contenter de ses eaux minérales et ne leur prête pas des vertus imaginaires qui feraient douter de celles qu'elles possèdent réellement.* » Traiter de *propriétés imaginaires* celles d'une eau minérale dont les proportions du principe minéralisateur sont doubles de celles de Bonnes, jouissant, à si juste titre, d'une haute réputation; d'une eau qui peut se transporter partout et se conserver des années sans s'altérer notablement, ce n'est pas de la raison, c'est plus que de l'enthousiasme, c'est presque du délire. Des assertions de cette nature ne se discutent pas; chacun les juge en les lisant.

Quand on songe que M. James reconnaît lui-même, dans son livre, que l'eau de Labassère est naturellement sulfureuse, qu'elle est naturellement froide, et qu'elle contient 42 milligr. de sulfure de sodium, tandis que les eaux de Bonnes, de Cauterets et de Saint-Sauveur n'en renferment que la moitié, on a de la peine à comprendre les conclusions auxquelles il est arrivé. Nous ne pouvons les expliquer qu'en admettant qu'il a oublié de comparer sa composition à celle des eaux voisines et de prendre des renseignements auprès des médecins sur ses effets thérapeutiques.

L'eau de Labassère, nous le répétons encore, afin qu'elle ne soit plus l'objet d'aussi fausses attaques que celles que nous venons de signaler, est spécialement destinée à être employée en boisson loin de sa source, et non en bains là où elle jaillit.

L'eau de Labassère peut être utile dans toutes les maladies où les eaux minérales sulfureuses naturelles produisent généralement de bons effets. L'affection catarrhale ancienne de toutes les muqueuses peut être avantageusement modifiée par son emploi; son usage est fréquemment avantageux dans la blennorrhée, la leucorrhée, le catarrhe vésical, alors que ces affections tiennent à un état de débilité de l'organe sécréteur, tandis qu'il pourrait être très nuisible si ces écoulements reconnaissaient pour cause une lésion organique de l'utérus, du vagin, de l'urètre ou de la vessie. Elle peut favoriser la résolution des pleurésies et des pneumonies qui tendent à passer à l'état chronique ou qui déjà ont atteint cette période. On la recommande généralement dans l'asthme, mais elle ne convient pas dans toutes les variétés de cette affection; elle rendra des services réels dans l'asthme avec congestion ou œdème passif du poumon; dans l'asthme humide, qui n'est autre chose que cette maladie compliquée de bronchite, de bronchorrhée; tandis qu'elle ne ferait qu'aggraver l'asthme qui se lie à une lésion organique du cœur ou du système circulatoire, à une hypérémie pulmonaire active ou à une inflammation trop aiguë des bronches. Elle produit des résultats favorables dans les névroses de l'estomac, caractérisées par la difficulté des digestions, par des troubles de la sensibilité, par des vomissements anciens qui se rattachent plutôt à un état anémique général, à la disparition d'une affection herpétique ou à la suppression d'une sécrétion habituelle, qu'à une lésion organique locale. Elle agit alors d'une manière immédiate, en rendant à la muqueuse gastrique le degré de stimulation qui lui manque, et indirectement en portant son action révulsive sur la peau ou les organes sécréteurs de l'urètre. Dans ces affections nerveuses du canal alimentaire, les eaux salines ou gazeuses méritent généralement la préférence; mais nous l'avons vue quelquefois réussir là où celles-ci avaient déjà échoué; et nous avons déjà dit que Ganderax s'en servait, dans quelques cas, avec succès, pour préparer la muqueuse gastrique à recevoir favorablement les eaux ferrugineuses qu'elle ne pouvait digérer auparavant.

De même que la plupart des eaux sulfureuses, elle se montrera souvent efficace dans le traitement des affections chroniques de la peau et d'autres organes, alors qu'elles existent sans phlegmasie aiguë et sans fièvre : telles, par exemple, que la gravelle, l'aménorrhée, la dysménorrhée, la diarrhée atonique, les engorgements non douloureux des articulations, certains accidents consécutifs à la scrofule, à la syphilis, etc.

Employée avec ménagement et sagacité, elle peut être utile, de même que toutes les eaux excitantes, dans l'affaiblissement ou la paralysie des facultés intellectuelles, locomotrices ou sensitives, lorsque les troubles fonctionnels sont entretenus par une hypérémie passive des centres nerveux, ou par un état d'inertie cérébrale consécutif à des congestions actives ou même à une hémorrhagie, et que ces symptômes sont dégagés de tout mouvement fluxionnaire local. Mais, dans les cas de cette nature, on ne peut s'en permettre l'emploi qu'avec la plus grande circonspection, car elle est formellement contre-indiquée tant qu'il existe dans la substance nerveuse le moindre ferment d'irritation et de fluxion locales, qui ne manqueraient pas de devenir une cause prochaine d'inflammation et de nouvelles hémorrhagies.

Les hémorrhagies, si elles sont essentiellement passives, quel qu'en soit le siége, réclament presque toujours l'emploi des excitants, soit pour favoriser l'absorption du sang épanché, en arrêter l'écoulement ou en prévenir le retour. L'eau de Labassère, dans ce cas, peut remplir le rôle d'un excitant facile à ménager. Mais dès que le flux sanguin s'accomplit, en raison d'un mouvement fluxionnaire prononcé vers un organe, son emploi serait plutôt dangereux qu'utile. L'hémoptysie est le plus souvent une contre-indication à son administration; d'autres fois, au contraire, lorsqu'elle est passive, elle peut cesser sous son influence. Elle est, comme tous les excitants, dans les cas de ce genre, un moyen difficile à manier; avant de l'employer, le médecin doit déterminer au juste la cause prochaine de l'hémorrhagie. Une erreur de diagnostic pourrait entraîner de graves accidents.

Nous l'avons vue quelquefois réussir mieux que tous les excitants auparavant mis en usage dans les engorgements chroniques, dans les congestions passives des organes parenchymateux, notamment du foie et de la rate, consécutifs à des accès multipliés et rebelles de fièvre paludéenne; mais, dans ce cas encore, pour que son action soit efficace, il est indispensable que les affections soient tout à fait passives et que les organes qui en sont le siége n'aient aucune disposition à l'irritation ni à l'inflammation aiguës.

Après ces considérations sur l'emploi de l'eau de Labassère dans le traitement des maladies en général, il nous reste, pour terminer la tâche que nous nous sommes imposée, à constater par des observations, par des faits cliniques, son efficacité spéciale dans le catarrhe chronique des bronches, certaines toux convulsives, les congestions passives du poumon, la tuberculisation pulmonaire, la laryngite chronique et la pellagre. C'est là le but particulier de cette partie de notre travail.

A. CATARRHE CHRONIQUE DES BRONCHES.

— Si l'eau de Labassère exerce en général une influence heureuse dans les affections catarrhales de toutes les muqueuses et sur la plupart des maladies apyrétiques de l'appareil respiratoire, son emploi est surtout couronné de succès dans le catarrhe bronchique, qu'il soit simple ou compliqué de lésion des organes voisins, sans fièvre.

Son action curative, dans cette affection, est ordinairement complexe. Quelquefois elle semble détruire l'irritation muqueuse exclusivement par la révulsion qu'elle détermine en rétablissant l'activité fonctionnelle de la peau, en stimulant la sécrétion urinaire ou intestinale. Plus souvent, la guérison semble s'opérer plus particulièrement par son action directe sur la muqueuse malade en lui donnant le degré d'énergie nécessaire pour se débarrasser des fluides morbides qui encombrent les canaux bronchiques; et cette action locale s'annonce presque toujours par une expectoration plus facile. Dans la plupart des cas, il est facile de se convaincre qu'elle produit à la fois une révulsion sur la peau, les reins ou l'intestin, et une stimulation sur la muqueuse aérienne.

Elle manque rarement son effet curatif dans la bronchite chronique simple, quels que soient son ancienneté, son siége et son étendue; quels que soient l'âge du sujet, son sexe, son tempérament et sa constitution. Si elle échoue quelquefois, elle réussit dans la plupart des cas, où bien d'autres moyens ont été infructueux, alors que les mucosités, en raison de leur viscosité ou de la faiblesse du malade, obstruent les conduits aériens et ne sont rejetées qu'avec difficulté, malgré les efforts multipliés et la fatigue de la toux. Nous pourrions citer un grand nombre de guérisons de cette espèce. Au mois de mars dernier, nous avons été débarrassé nous-même d'une toux avec expectoration pénible, fatigante, et qui persistait avec une extrême opiniâtreté depuis le commencement de l'hiver. L'observation suivante suffira pour donner une preuve, en pareil cas, de la puissance pectorale de cette eau.

Première observation (1). *Bronchite chronique, sans complication notable, rebelle à tous les traitements mis en usage. — Emploi de l'eau de Labassère; guérison.* — Un ancien habitant des colonies espagnoles, âgé de quarante-huit ans, sanguin et pléthorique, était atteint, depuis son retour en France, c'est-à-dire, depuis plusieurs années, d'une toux fréquente et par quintes, fatigante, accompagnée d'une expectoration muqueuse, difficile, visqueuse, prenant, malgré les règles d'une bonne hygiène, une intensité nouvelle toutes les fois que l'atmosphère devenait froide ou humide. La maladie, qui avait fini par altérer fortement la constitution du malade et inquiéter la famille, était tellement tenace, que le régime le mieux entendu, les boissons béchiques, variées à l'infini, les préparations balsamiques et calmantes, et tous les agents de la matière médicale employés en pareil cas, n'avaient pu la dissiper. L'usage de l'eau de Labassère, à la dose de deux verres par jour, pendant trois semaines, au mois de juillet 1849, en a détruit complétement les symptômes. Et, chez ce malade, l'eau sulfureuse, en même temps qu'elle a détruit la maladie, a diminué d'une manière remarquable la disposition à son retour; car, depuis cette époque, deux hivers se sont passés sans qu'elle se soit renouvelée sensiblement.

— Elle jouit d'une efficacité très grande dans les catarrhes chroniques des vieillards, généralement si réfractaires aux autres moyens thérapeutiques.

(1) Extraite des notes du docteur Subervie.

DEUXIÈME OBSERVATION (1). *Bronchite chronique, rebelle à tous les moyens mis en usage. — Emploi de l'eau de Labassère, guérison.*—M. L..., âgé de soixante-sept ans, d'une constitution robuste, était affecté, depuis plusieurs années, d'une bronchite chronique profonde et généralisée, qui avait résisté à l'emploi des vésicatoires, des cautères et de tous les autres moyens hygiéniques et thérapeutiques dont on avait jusqu'alors largement usé, lorsque, le 22 juillet 1849, il consulta M. Subervie à Bagnères. Le thorax du malade était très développé, la respiration courte et la marche très pénible ; la toux fréquente et par quintes, notamment la nuit ; l'expectoration très abondante, difficile, composée de crachats aqueux et visqueux ; la sonorité thoracique normale ; un râle sous-crépitant, à grosses bulles, inconstant, existait à la région moyenne et à la base des deux poumons pendant les mouvements d'inspiration et d'expiration. Le pouls était plein, à 80 pulsations ; la transpiration, très facile et l'appétit normal. Le malade prit, au début, un demi-verre d'eau par jour, coupée avec une infusion chaude de fleurs de mauve, et la dose du liquide médicamenteux fut augmentée d'un tiers de verre tous les trois jours, jusqu'à la dose de deux verres. Douze jours après, la toux avait notablement diminué, les crachats étaient moins abondants et leur expulsion plus facile, le pouls moins fréquent ; mais il survint un point douloureux dans les muscles du côté gauche de la poitrine, qu'un emplâtre de poix de Bourgogne dissipa promptement. On continua l'usage de l'eau médicamenteuse, et très peu de jours après la toux et l'expectoration avaient presque complétement disparu, la respiration était devenue lente et facile, le pouls n'avait plus que 66 pulsations, le sommeil était calme, et le malade pouvait marcher une grande partie de la journée sans transpiration et sans fatigues. Il a quitté Bagnères après un mois de traitement, emportant une provision de bouteilles remplies d'eau sulfureuse dont il devait continuer l'usage pendant longtemps encore.

— L'observation suivante est curieuse en ce sens que le

(1) Extraite des notes du docteur Subervie.

catarrhe avait été contracté dans un pays chaud, et que rien n'avait pu en débarrasser le malade, lorsqu'il fut soumis à l'usage de l'eau sulfureuse.

TROISIÈME OBSERVATION (1). *Bronchite chronique rebelle, contractée en Afrique. — Emploi de l'eau de Labassère ; guérison.* — M. P..., de Bagnères-de-Bigorre, âgé de vingt-huit ans, fortement constitué, mais amaigri et épuisé par les fatigues excessives et le climat de l'Algérie, avait contracté en ce pays un catarrhe des bronches passé à l'état chronique et tellement rebelle, qu'il avait nécessité le retour du malade en France.

Arrivé à Bagnères, le 4 août 1849, il toussait fréquemment; l'expectoration était difficile; les crachats abondants, verdâtres, épais, visqueux, sans sérosité; le pouls petit, faible; la face pâle; la dyspnée très grande et par moments extrême. La percussion ne pouvait faire supposer l'existence d'une lésion organique quelconque du parenchyme du poumon ni de la plèvre, et l'auscultation faisait entendre partout des râles muqueux et sonores, qui diminuaient et disparaissaient quelquefois presque complétement, après une abondante expectoration. L'affection était limitée à la muqueuse bronchique, dont le mucus, abondamment sécrété et épaissi, en obstruant les canaux aériens, provoquait la dyspnée. M. Rousse prescrivit un régime en rapport avec l'état du malade et un verre d'eau de Labassère par jour, prise en deux fois et chauffée au bain-marie. Après trois jours de traitement, la toux avait diminué de fréquence et d'intensité; la physionomie du malade avait repris de l'expression, le pouls de la force et de l'ampleur. La respiration était plus libre, l'expectoration plus facile, les crachats moins abondants, moins opaques et moins visqueux, les râles bronchiques limités au voisinage des clavicules; les forces commençaient à reparaître. Le quatrième jour du traitement par l'eau sulfureuse, à la suite d'une imprudence, l'expulsion des crachats redevient pénible et difficile, un point pleurétique se déclare sous le sein gauche et le râle sibilant domine les râles humides; le pouls devient fréquent et la face se colore.

(1) Extraite des notes de M. le docteur Rousse.

Tous ces phénomènes s'effacent promptement à l'aide d'une application de ventouses scarifiées et de l'usage de quelques boissons pectorales qui remplacent l'eau sulfureuse. Le lendemain, le liquide minéral est donné à la même dose, et quelques jours après, une diarrhée et des sueurs trop copieuses, qu'il provoque, obligent à en suspendre de nouveau l'emploi. L'affection bronchique continue à marcher vers une terminaison favorable, et bientôt la guérison fut complète sans avoir besoin de recourir encore à la médication sulfureuse.

Dans ce cas, il est évident que l'eau de Labassère a agi, non seulement en raison de son action spéciale sur la muqueuse pulmonaire, mais aussi par la révulsion puissante qu'elle a provoquée du côté du canal alimentaire et sur la peau.

—C'est surtout lorsque la bronchite chronique s'accompagne d'emphysème pulmonaire (asthme humide), que l'eau de Labassère produit des résultats heureux; elle diminue presque constamment la fréquence et l'intensité des accès d'asthme qui en sont un des effets les plus fréquents. Elle n'a sans doute qu'une action secondaire sur l'élément nerveux qui constitue le caractère symptomatique des accès; elle agit manifestement, comme dans la bronchite simple, en facilitant l'expectoration, en donnant quelquefois à la muqueuse aérienne le degré de force qui lui manque, en modifiant son impressionnabilité, en diminuant peu à peu la quantité de mucus sécrété, et en la rendant moins susceptible d'inflammation nouvelle. Elle ne guérit pas l'emphysème, qui est une affection incurable; mais en détruisant l'affection bronchique qui en est presque constamment la cause, et en s'opposant à son retour, si l'on n'arrête pas toujours la marche de l'emphysème, on en diminue certainement la rapidité; on parvient quelquefois à éviter, et toujours à diminuer la fréquence et la gravité de l'asthme.

Quatrième observation. *Bronchite chronique rebelle; emphysème pulmonaire; dyspnée habituelle et accès d'asthme. — Emploi de l'eau de Labassère; amélioration très notable.* — Une dame de cinquante-deux ans, d'un tempérament sanguin et fortement constituée, avait, depuis plusieurs années, une respiration courte et tous les signes d'un emphysème pulmonaire (sonorité plus que normale, saillie sterno mammaire et scapulaire des deux côtés assez prononcée, diminution du bruit respiratoire, râles sibilants et humides pendant les deux mouvements inspirateur et expirateur, bruit d'expiration sensiblement prolongé, etc.). Les signes de l'emphysème s'accompagnaient de tous les symptômes de bronchite chronique, qui prenaient un accroissement nouveau avec la plus grande facilité, toutes les fois que l'atmosphère devenait plus froide et plus humide, et c'est alors seulement que la malade se plaignait de la gêne de la respiration, et qu'elle éprouvait de véritables accès d'asthme intenses et fréquents. Depuis le commencement de l'hiver, la toux, fréquente et par quintes, accompagnée de dyspnée habituelle et rémittente, d'une expectoration difficile, composée de crachats épais, verdâtres et visqueux, fatiguant la malade beaucoup plus que d'habitude, la privait de la somme de sommeil nécessaire, et altérait peu à peu sa constitution. Au mois d'août 1849, après avoir vainement épuisé la série de toutes les ressources ordinaires de la matière médicale, elle se mit, d'après notre conseil, à l'usage de l'eau de Labassère sans mélange, à la dose d'abord d'un verre et puis de deux verres par jour, qu'elle prenait en deux fois dans la matinée et sans rien changer au régime habituellement suivi. Après huit jours de traitement, elle ne toussait presque plus, l'expectoration était moins abondante et plus facile, les crachats moins visqueux et moins colorés, la respiration plus libre et le râle à peine sensible ; et quinze jours plus tard, il ne restait plus de la maladie qu'une faible dyspnée causée par l'emphysème ; il n'y avait plus d'expectoration, et le sommeil n'était plus troublé par la toux. Depuis cette époque, la toux et l'expectoration se sont plusieurs fois renouvelées ; mais l'usage de l'eau de Labassère pendant quelques jours détruit facilement ces symptômes, et prévient chaque fois le retour des accidents qui auparavant se montraient avec tant de facilité et de violence.

Nous avons aussi plusieurs fois employé cette eau, avec

succès, dans les dyspnées qui accompagnent le catarrhe des vieillards, et qui coïncident si souvent avec des dilatations, des rétrécissements des canaux aériens, ou avec l'ulcération de leurs tissus.

B. TOUX CONVULSIVES.

Ce n'est pas seulement dans les cas de viciation de la sécrétion, avec ou sans inflammation chronique, que l'eau de Labassère peut rendre service dans les maladies des bronches; nous l'avons vue quelquefois diminuer et même faire disparaître des toux convulsives essentiellement nerveuses, après avoir résisté à beaucoup d'autres moyens. Le fait suivant nous semble assez intéressant pour mériter d'être signalé.

CINQUIÈME OBSERVATION (1). *Toux convulsive sans expectoration, rebelle à tous les moyens mis en usage. — Emploi de l'eau de Labassère; guérison.* — Une dame de trente-trois ans, d'une constitution robuste, ayant toujours joui d'une santé parfaite, quitta l'Amérique méridionale, qu'elle habitait depuis plusieurs années. Elle vint en France dans le but unique de se débarrasser d'une toux fréquente, non quinteuse, incommode, qui la fatiguait horriblement depuis deux ans, et contre laquelle avaient échoué les mille remèdes dont on avait tenté l'usage. Elle alla d'abord à Pau, où elle resta quelque temps sans aucun résultat favorable pour sa maladie. Elle se rendit ensuite à Bagnères où elle arriva à la fin du mois d'août 1849. La malade était très amaigrie, très faible, et sans appétit. La menstruation, très abondante et très régulière, n'avait jamais été troublée; l'auscultation et la percussion ne fournissaient aucun phénomène capable de révéler une lésion organique quelconque susceptible de rendre raison de cette toux si persévérante, à peu près constante le jour et la nuit, qui la privait presque complétement de sommeil, et qui, chose remarquable, ne s'accompagnait d'aucun autre symptôme notable des voies respiratoires. Habituée à se vêtir légèrement, elle ne voulut jamais consentir à porter de la flanelle sur la peau habituellement très sèche. Des frictions sèches sur le corps, des prome-

(1) Extraite des notes du docteur Subervie.

nades régulières à pied, et l'eau de Labassère furent les seuls moyens mis en usage. L'eau minérale, d'abord donnée à la dose d'un demi-verre par jour, fut augmentée d'un quart de verre tous les deux jours jusqu'à la dose de deux verres qu'elle prenait en deux fois, dans la matinée, coupée avec de l'eau d'orge chaude et sucrée.

Après huit jours de traitement, la malade éprouvait de l'insomnie, de l'agitation, et se plaignait de quelques démangeaisons à la peau, phénomènes qui ne tardèrent pas à se dissiper. Bientôt la toux diminua de fréquence et d'intensité, l'appétit se développa sensiblement, et, les forces étant moins prostrées, son état s'améliora de jour en jour; la toux disparut complétement. Elle quitta Bagnères à la fin de septembre, munie d'un appétit régulier à elle inconnu depuis longtemps, et d'un embonpoint convenable, dormant parfaitement bien, en échange de cette anorexie, de cette maigreur, de cette insomnie qui faisaient son désespoir auparavant, et se disposant à reprendre le voyage de l'Amérique.

Le mode d'action dans ce cas ne saurait être expliqué que par une spécificité en quelque sorte de l'élément sulfureux sur les organes de la respiration et de la peau. Il est remarquable par l'absence de toute cause prochaine ou éloignée appréciable, de toute lésion locale capable de donner la raison de cette toux contractée dans une partie du Mexique où les maladies de poitrine sont à peine connues, par l'opiniâtreté de l'affection convulsive des bronches au milieu des meilleures conditions de l'hygiène combinées à tous les moyens de la matière médicale, enfin par sa disparition rapide, et sans autre prescription que les soins habituels et l'usage de l'eau sulfureuse, à laquelle il faut nécessairement rapporter tous les frais de la guérison.

C. CONGESTION PASSIVE DU POUMON.

Autant les excitants sont dangereux et nuisibles dans les cas d'hypérémie active des poumons, autant ils sont généralement utiles dans les congestions anciennes causées par l'asthénie de l'organe débarrassé de tout mouvement fluxionnaire local. Les eaux minérales sulfureuses, et en particulier celle de Labassère, sont sans contredit un des meilleurs stimulants à employer en pareil cas; elles agissent par leurs propriétés diaphorétiques, diurétiques et purgatives d'une part, et d'un autre côté en portant directement sur l'organe malade le degré de stimulation qui lui manque pour se débarrasser, par absorption ou expectoration, des fluides morbides qui l'engouent. Mais, dans les maladies de ce genre, nous le répétons, le médecin ne doit administrer l'eau sulfureuse qu'avec la plus grande réserve, pour éviter les accidents qui pourraient être la suite de son usage malentendu.

Sixième observation (1). *Blessures : congestion pulmonaire avec dyspnée. — Emploi de l'eau de Labassère; accidents nerveux causés par l'abus du médicament. Diminution de la dose; guérison.* — M. Ar...., de Paris, est arrivé à Bagnères le 27 juillet 1849 pour s'y faire soigner d'une blessure qu'il avait reçue dans les journées de juin 1848. Il était, en outre, affecté d'une congestion pulmonaire passive, caractérisée par de la toux, l'expectoration d'une matière muqueuse abondante, une matité sensible en plusieurs points du thorax, la diminution du murmure vésiculaire et quelques bulles de râle sous-crépitant. Il avait une taille élevée, une poitrine largement développée, et il présentait toutes les apparences d'une bonne santé. Quoique l'élément lymphatique parût dominer dans son tempérament, il était doué d'une grande impressionnabilité. Il se plaignait sans cesse, allait voir son médecin à chaque instant, se préoccupait constamment de sa santé. Après avoir usé pendant quelque temps de l'eau du Foulon en douches et en bains que nécessitait sa blessure, l'eau de Labassère fut prescrite à la dose seulement d'un quart de verre par jour à cause de son excitabilité nerveuse, dans le but de combattre un accident du côté de la poitrine. Quelques jours s'étaient à peine écoulés qu'il arrive chez M. Subervie dans un état d'excitation et de désespoir extraordinaires, accusant l'eau sulfureuse de toutes ses souffrances, déclarant qu'il lui était impossible d'en conti-

(1) Extraite des notes du docteur Subervie.

nuer l'emploi, et ajoutant qu'il était décidé à quitter Bagnères le jour même. Il ne dormait plus, il avait des étouffements continuels, il avait perdu l'appétit, il éprouvait une chaleur constante à la poitrine et à la tête et des étourdissements incessants.

Tout en faisant la part de l'exagération dont il le soupçonnait capable, le docteur Subervie chercha à déterminer ce qu'il pouvait y avoir de vrai dans le rapport qu'il lui faisait de son état, et il apprit qu'au lieu de se contenter d'un quart de verre d'eau, comme il le lui avait prescrit, il en avait pris tout d'abord une demi-bouteille par jour, d'après l'avis du propriétaire de la maison qu'il habitait, qui considérait la quantité indiquée par le médecin comme bien insuffisante, attendu, disait-il, qu'une jeune personne de sa connaissance en prenait une demi-bouteille dans la même journée.

Après avoir compris la cause de son malaise, il consentit à rester à Bagnères. Le calme se rétablit du jour au lendemain, et trois jours après il reprenait l'eau minérale en suivant, cette fois, à la lettre, les indications du médecin. La dose fut progressivement augmentée et portée, sans accident, jusqu'à une demi-bouteille par jour. Il partit pour Paris après trois mois de séjour aux Pyrénées, très satisfait et parfaitement débarrassé de tous les symptômes qu'il éprouvait du côté de l'appareil respiratoire : la respiration était libre, il ne crachait plus, et le bruit d'expansion vésiculaire était normal dans toutes les parties des organes pulmonaires.

— Il n'est pas rare de voir, chez les jeunes filles et quelquefois chez les femmes, un état anémique coïncider avec la suppression menstruelle, et amener peu à peu une hypérémie passive du parenchyme pulmonaire qui, sans la ressource d'un traitement convenable, amènerait souvent un résultat funeste. L'observation suivante démontre, dans les cas de cette nature, l'utilité de l'eau de Labassère.

Septième observation (1). *Chlorose, aménorrhée, congestion passive du poumon, amaigrissement. — Emploi de l'eau de La-*

(1) Extraite des notes du docteur Subervie.

bassère; guérison. — Une jeune fille de dix-sept ans, anémique, d'un tempérament mixte, appartenant à une famille peu aisée de Tarbes, se rendit, au mois de juillet 1849, à Bagnères. Elle était dans un état de maigreur, de prostration et de tristesse extrêmes. Ses règles, supprimées depuis plusieurs mois, n'avaient plus reparu. Elle éprouvait de la dyspnée et des points douloureux fréquents et passagers dans la poitrine; sa voix était sourde, comme caverneuse. La percussion ne donnait, malgré la maigreur squelettique du thorax, qu'une résonnance médiocre, et le murmure vésiculaire était obscur dans toute l'étendue des deux poumons. Le pouls était lent, rare, pas développé. La malade mangeait peu et sans appétit. Elle avait toujours joui d'une bonne santé jusqu'à la suppression du flux menstruel. Dès son arrivée à Bagnères, elle fut soumise à l'usage d'un régime alimentaire doux et substantiel, de la flanelle sur la poitrine, d'un demi-bain par jour de courte durée et à 30° c., de frictions de pommade d'Autenrieth sur le thorax, et de l'eau de Labassère à doses croissantes, en commençant par un quart de verre par jour, mélangée à une infusion pectorale chaude et sucrée. Ce traitement fut supporté à merveille ; et quinze jours après, sans modification notable dans sa santé, elle se plaignit de quelques douleurs dans les régions lombaires et hypogastriques. Afin de seconder cet effet de la nature en vue du rétablissement des règles, le médecin fait prendre à la malade quelques douches chaudes sur les reins. Peu de jours après, l'écoulement menstruel paraît; et avec le flux sanguin le soulagement de la poitrine commence à s'opérer ainsi qu'une amélioration très sensible de son état général; mais la voix et la dyspnée conservent leur premier degré d'altération. L'usage de l'eau sulfureuse, suspendu pendant la durée des règles, fut repris aussitôt, et le timbre de la voix ne tarda pas à se modifier d'une manière favorable. La dyspnée persistait toujours. Une toux, d'abord sèche, puis accompagnée de l'expectoration de quelques crachats muqueux ne tarda pas à se montrer. L'expectoration devint tellement abondante, qu'elle aurait pu paraître d'un fâcheux augure si la percussion et l'auscultation n'avaient fait constater l'absence de toute lésion grave, de toute dégénérescence tuberculeuse. En effet, peu à peu on voit diminuer la toux, la quantité des crachats et la gêne de la respiration, phénomènes qui, quelques jours plus tard, avaient totalement disparu. La malade s'en retourna à Tarbes parfaitement guérie, et quelque temps après il s'était opéré en elle un changement heureux tant au physique qu'au moral.

Chez cette malade, la chlorose, portée à un haut degré, paraît avoir été la cause la plus puissante de la suppression des règles, et celle-ci le point de départ de l'hypérémie pulmonaire. Le régime et l'usage des eaux salines en douches et en bains auraient probablement suffi pour ramener la menstruation; mais il est possible et même probable que, sans le concours de l'eau sulfureuse, le parenchyme du poumon aurait manqué de l'activité nécessaire pour se débarrasser des liquides qui l'engorgeaient. La force médicatrice de la nature et l'eau sulfureuse ont provoqué, comme un phénomène remarquable, par un effort salutaire sur la muqueuse bronchique et le tissu du poumon, de la toux et une exhalation abondante de crachats, véritable crise heureuse qui a amené promptement une guérison complète et durable.

D. PHTHISIE PULMONAIRE ET LARYNGITE CHRONIQUE.

A toutes les époques, les préparations sulfureuses ont été préconisées pour la guérison de la phthisie pulmonaire. Galien envoyait en Sicile les sujets qui en étaient atteints, pour y respirer l'air sulfureux des volcans. Le célèbre Bordeu a fait connaître l'utilité des eaux sulfureuses des Pyrénées dans le traitement de toutes les maladies chroniques de la poitrine, et il ne doutait pas de la curabilité de la phthisie par leur usage. Depuis Bordeu, les avis des médecins ont été partagés sur leur degré d'efficacité. Anglada, dans son remarquable ouvrage sur les eaux des Pyrénées, affirme qu'elles sont utiles dans la phthisie pituiteuse et muqueuse, même à l'époque du marasme, de la fièvre hectique, des sueurs, de l'expectoration purulente; mais il pense qu'il ne saurait en être de même dans la phthisie tuberculeuse à un état avancé; qu'au contraire, souvent la stimulation qu'elles provoquent, quelque modérée qu'elle soit, aggrave les accidents et accélère la marche de la maladie. MM. Andral, Dalmas et beaucoup d'autres médecins ont constaté des guérisons. MM. Trousseau et Pidoux (1) admettent la possibilité de la guérison, mais ils pensent que ces cas sont peu communs. Ils disent qu'à Bonnes, à Cauterets, l'état de presque tous les phthisiques est plus souvent empiré qu'amélioré; que quelques uns trouvent seulement aux eaux un soulagement qu'ils n'auraient pas trouvé ailleurs. « Mais, ajoutent-ils, quand la phthisie est confirmée, qu'elle s'accompagne d'expectoration purulente, de fièvre hectique, de sueurs, de diarrhée, les eaux sulfureuses accélèrent plutôt qu'elles ne retardent la marche de la maladie. » D'autres praticiens recommandables ne croient pas à la curabilité, expliquant par une erreur de diagnostic les cas de guérison cités par les auteurs. Les médecins de Bonnes, de Saint-Sauveur, de Cauterets et de tous les lieux voisins des sources sulfureuses sont témoins chaque jour de l'efficacité de ces eaux chez un grand nombre de malades qui leur sont envoyés de tous les pays comme phthisiques, et tous vous diront que si les succès ne sont pas plus fréquents, la faute en est plutôt au médecin qui en conseille trop tard l'usage, qu'au médicament employé alors que déjà la maladie est au-dessus de toutes les ressources.

Si les avis sont si opposés au sujet de la curabilité de la phthisie pulmonaire, c'est parce qu'on n'est pas plus d'accord, ce nous semble, sur la maladie elle-même que sur ce qu'on entend par *guérison*. En effet, pour la plupart des médecins, le mot *phthisie* est synonyme de *tuberculisation*, ou même de *diathèse tuberculeuse;* pour quelques autres, il n'y a *phthisie pulmonaire* que lorsque la tuberculisation est arrivée à une période de ramollissement très avancée, et qu'elle s'accompagne d'expectoration purulente, de marasme, de fièvre hectique, de sueurs nocturnes et de diarrhée. On comprendra facilement

(1) *Traité de thérapeutique*, t. II, p. 676.

que les premiers la guérissent souvent, et que les autres ne considèrent les cas de guérison cités que comme des exceptions très rares ou des erreurs de diagnostic.

Pour beaucoup de médecins, faire disparaître la toux, l'expectoration, l'amaigrissement, la débilité, la fièvre, les sueurs, la diarrhée, et tous les autres symptômes généraux qui caractérisent ou qui accompagnent la tuberculisation, c'est guérir la phthisie; pour d'autres, il n'y a de guérison qu'autant que les tubercules ont disparu du parenchyme pulmonaire. Il est encore facile de concevoir que les premiers guérissent quelquefois la maladie et que les autres nient tous les cas de guérison, ou du moins qu'ils les considèrent comme tout à fait exceptionnels.

Dans ces différentes opinions, il n'y a qu'une discussion de mots, et il devient très facile de s'entendre, en mettant de côté le mot *phthisie* qui a un sens trop vague, en le remplaçant par celui de *tubercule* ou de *tuberculisation* dont la signification est bien plus précise, et en ne considérant la tuberculisation comme une phthisie qu'alors qu'elle s'accompagne d'une réaction morbide des fonctions.

Et en effet, le tubercule ne constitue pas la phthisie pulmonaire; il n'y a phthisie que lorsqu'il y a un trouble fonctionnel porté au delà de certaines limites; il en est la cause, et toujours un individu est longtemps tuberculeux avant d'être phthisique, avant même d'être malade; car il n'est malade que lorsqu'il tousse, qu'il maigrit, qu'il a la fièvre, qu'il s'affaiblit et qu'il crache. Si Broussais était dans l'erreur en disant que le tubercule est consécutif à l'inflammation, il n'était pas loin de la vérité en affirmant que, dans la phthisie pulmonaire, le tubercule est accessoire et que la phlogose est la cause immédiate de la fièvre hectique et de la mort.

En envisageant la question à ce point de vue, il est facile de faire la part de ce qu'il y a de fondé dans chacune des opinions que nous avons exposées; mais il est encore quelques médecins, en petit nombre il est vrai, qui, dans leur ignorance profonde ou leur scepticisme systématique et aveugle, considèrent *toute phthisie, toute tuberculisation pulmonaire* comme nécessairement mortelles. Ceux-là ne méritent pas qu'on discute leurs idées.

La diathèse tuberculeuse est une condition nécessaire au développement du tubercule pulmonaire, qu'une foule de circonstances peuvent favoriser. Tant que celui-ci est à l'état de crudité, il fait, dans le parenchyme de l'organe, l'office d'un corps irritant. L'inflammation peut être la cause déterminante de sa formation, mais jamais la cause essentielle ; elle accompagne constamment le ramollissement dont elle est fréquemment et peut-être toujours le point de départ, et une fois développée, c'est elle qui provoque tous les accidents graves et mortels.

Tant que les tubercules ne sont pas encore ramollis, les efforts des médecins doivent avoir pour but de combattre la diathèse et de prévenir l'inflammation des bronches et du poumon ; et dès que le ramollissement existe, quel que soit son degré, il doit attaquer à la fois l'élément diathésique et la phlogose.

Par aucun des moyens connus on ne parvient à opérer l'absorption des tubercules une fois déposés au sein du parenchyme du poumon ; mais il est évident pour nous que l'hygiène et la thérapeutique sont susceptibles de s'opposer souvent au développement des tubercules chez les sujets que la diathèse y prédispose, assez souvent à leur ramollissement quand ils sont à l'état de crudité, et quelquefois aux ravages qu'entraîne la phlegmasie qui précède le ramollissement ou qui lui est consécutive.

Les eaux sulfureuses, et en particulier celle de Labassère, peuvent être utiles à toutes les périodes de la tuberculisation pulmonaire ; et dans cette affection, sans affirmer qu'elles exercent une action spécifique sur l'élément tuberculeux lui-même, on peut se rendre raison de leurs effets heureux par son influence sur la muqueuse bronchique dans le catarrhe, et sur le parenchyme de l'organe dans l'hypérémie pulmonaire ; car la tuberculisation s'accompagne presque nécessairement de ces deux affections, qui sont loin d'être sans action sur le développement et l'évolution du tubercule, qui en sont, peut-être plus souvent qu'on ne le pense généralement, la cause occasionnelle.

L'eau de Labassère a sur la laryngite chronique, quelle qu'en soit la cause, et notamment, ce qui arrive assez souvent lorsqu'elle est symptomatique de la tuberculisation du poumon, une action au moins aussi favorable que dans le catarrhe des bronches.

C'est surtout à la première période de la tuberculisation que l'eau de Labassère est efficace. Comme nous l'avons dit, elle ne détruit pas le tubercule; mais en agissant sur le catarrhe bronchique, sur l'hypérémie pulmonaire, et peut-être aussi par un mode d'action spécial qui nous reste inconnu, elle s'oppose au ramollissement tuberculeux et au développement de l'inflammation du tissu pulmonaire. A cette période de l'affection, tous les praticiens seront d'accord sur l'efficacité des eaux sulfureuses; nous nous contenterons de citer un exemple pour prouver celle de l'eau de Labassère.

HUITIÈME OBSERVATION. *Tuberculisation pulmonaire au premier degré; irritation ancienne du larynx avec aphonie.—Emploi des eaux de Labassère et de Cauterets; disparition de presque tous les phénomènes morbides.* — Dans les derniers jours du mois d'août 1849, nous avons été consulté pour une jeune personne de dix-neuf ans, souffrante depuis plusieurs mois, blonde, d'un tempérament nerveux, lymphatique, irrégulièrement et faiblement menstruée, faible et un peu amaigrie. Aucun souffle anémique n'existait au cœur ni aux carotides. Elle toussait depuis longtemps, et la toux, généralement sèche, était suivie de temps en temps de quelques crachats muqueux qui n'avaient jamais été striés ni colorés par du sang. La région laryngienne était plus sensible qu'à l'état normal. Elle se plaignait d'oppressions fréquentes et de douleurs assez incommodes dans la région dorsale et l'intérieur de la poitrine. Sa voix était presque complétement éteinte; l'aphonie pourtant n'était pas continue ni uniforme dans ses degrés; elle augmentait ou diminuait au gré des variations atmosphériques, et lorsqu'elle venait à se dissiper, elle ne tardait pas à se reproduire pour durer encore un ou plusieurs mois. Les régions sous-claviculaires, et notamment celle du côté droit, donnaient à la percussion une diminution sensible de la sonorité normale; le mouvement d'expiration était plus prolongé qu'à l'état physiologique, la respiration saccadée et rude, le bruit d'expansion vésiculaire affaibli et la voix résonnante. Pendant les fortes inspirations, on distinguait par l'auscultation quelques craquements secs. Les mêmes signes, également plus prononcés à droite, existaient aussi, quoique moins intenses, en arrière et en haut de la poitrine; partout ailleurs l'auscultation et la percussion ne dévoilaient aucune lésion organique; le pouls et la chaleur n'offraient aucun caractère fébrile, et les fonctions digestives ne s'accomplissaient qu'avec un peu de paresse.

En rapprochant les uns des autres tous les signes que nous venons d'énumérer, on ne peut guère douter de la présence de tubercules miliaires à l'état de crudité, et non loin du début de ramollissement, au sommet des deux poumons et surtout du côté droit, et d'une irritation sympathique ancienne de la muqueuse du larynx. Cet état inquiétait la famille, et déjà plusieurs moyens avaient été mis en usage pour le combattre d'après l'avis d'autres médecins.

La saison déjà avancée et des raisons de famille ne permettant pas d'aller immédiatement prendre une eau minérale sulfureuse à sa source même, nous conseillâmes l'eau de Labassère, coupée avec du lait, à la dose d'abord d'un demi et puis d'un verre par jour, et les moyens de l'hygiène nécessaire en semblable occurrence. Sous l'influence de ce traitement, continué pendant tout l'automne et une partie de l'hiver, la malade éprouva une amélioration notable; la voix n'avait pas tardé à reprendre son timbre primitif, la toux était devenue très rare, l'appétit était bon, l'embonpoint avait fait quelques progrès, les douleurs scapulaires existaient à peine, l'oppression avait disparu et les forces étaient plus actives. En 1850, pour compléter la prescription que nous avions faite, la jeune malade est allée passer une saison à Cauterets, où les eaux de la Raillière lui ont été données en bains et en boisson. Elle s'en trouvait bien d'abord; mais, douze à quinze jours après en avoir commencé l'usage, et peut-être à la suite de son action trop vive, les poumons se congestionnèrent et l'hypérémie, qui parut d'abord assez sérieuse, ne tarda pas à se dissiper à l'aide de quelques moyens antiphlogistiques. Aujourd'hui, sans être complétement guérie, et quoique l'altération de la voix se soit montrée de nouveau, pendant quelques jours de l'hiver dernier, à la suite d'un refroidissement, la malade dit elle-même se trouver *un million de fois mieux qu'avant l'usage de l'eau sulfureuse;* elle a pris de l'embonpoint et des forces, les douleurs de poitrine et des épaules ont disparu, la toux est à peu près nulle, et tout donne l'assurance qu'à la faveur de l'hygiène et au besoin au retour de l'usage de l'eau de Cauterets à la source, et de celle de Labassère chez elle, la marche de la tuberculisation sera enrayée pour toujours.

NEUVIÈME OBSERVATION (1). *Tuberculisation pulmonaire au début du ramollissement. Insuccès des eaux de Cauterets.—Emploi de l'eau de Labassère; disparition de tous les phénomènes de la maladie.*— Un enfant de neuf ans, le fils de M. de C... de Paris, d'un tempérament lymphatique nerveux, d'une constitution délicate, après un séjour fait à Vichy en juin et juillet 1850, fut envoyé à Cauterets, et de cette ville à Bagnères-de-Bigorre. Deux médecins distingués de Paris, réunis en consultation, avaient noté chez le malade, avant son départ pour les eaux, de la toux, divers râles muqueux, un bruit de craquement, des sueurs pendant la nuit, de l'amaigrissement et de la faiblesse. Les eaux de Vichy, conseillées d'abord, avaient été sans aucun résultat apparent, et celles de Cauterets plutôt contraires que favorables; car les symptômes indiqués plus haut, s'étant exaspérés sous l'influence de l'eau de la Raillière, prise en bains et en boisson, et une diarrhée cessant et se reproduisant selon que l'on en suspendait ou que l'on en reprenait l'usage, venant s'ajouter aux autres phénomènes morbides, décidèrent M. le docteur Dupré à envoyer l'enfant à Bagnères, avec la recommandation expresse de s'abstenir de toute espèce d'eau minérale. Arrivé dans cette dernière ville, la famille recourut aux soins de M. Bruzau, qui trouva l'enfant dans l'état sui-

(1) Extraite des notes du docteur Bruzau.

vant : Mouvement fébrile prononcé; toux par quintes très longues et notamment la nuit; expectoration muqueuse colorée ou non; craquements sous-claviculaires assez prononcés et déjà humides; râle muqueux qui se faisait entendre à distance au moment de la toux; retentissement de la voix sous les clavicules; transpirations abondantes tous les matins; diarrhée; chairs molles et flasques; amaigrissement notable et faiblesse très grande. Malgré l'avis de M. Dupré, le docteur Bruzau ayant déjà maintes fois constaté, dans des cas semblables, les bons effets de l'eau de Labassère, la conseilla en boisson, coupée avec du lait, à la dose d'un verre, qu'il fallait prendre en deux fois, avant le repas du matin et du soir. Elle fut prise pendant un mois et parfaitement supportée par l'estomac. L'appétit, d'abord très faible, ne tarda pas à renaître; la physionomie altérée reprit peu à peu de l'expression; les selles devinrent régulières et normales; la toux diminua d'abord dans la nuit, et les quintes cessèrent peu à peu; la fièvre tomba, et les sueurs nocturnes finirent par ne plus se montrer; l'enfant reprit ses jouets, sa gaieté et son activité habituelles. En sorte qu'en un mois de traitement, les symptômes, qui présentaient une gravité non équivoque, furent complétement dissipés. Au moment de son départ on n'apercevait plus de craquements, phénomène noté déjà dans la consultation et constaté par M. Bruzau, lors de l'arrivée du malade à Bagnères. Il a continué l'usage de l'eau chez ses parents, et depuis lors sa santé a toujours été en se raffermissant.

Ce fait ne peut pas laisser de doute sur l'efficacité de cette eau dans la tuberculisation pulmonaire au moment où les tubercules commencent à se ramollir. Des observations de cette nature ne peuvent qu'encourager les médecins dans l'emploi des eaux minérales sulfureuses dans des cas analogues.

Dixième observation (1). *Tuberculisation pulmonaire à la période de ramollissement; laryngite chronique.—Emploi de l'eau de Labassère; disparition de tous les phénomènes de maladie. Rechute dix-huit mois après; mort.* — M. L. C... âgé de cinquante-deux ans, habitant les environs de Paris, malade depuis trois ans,

(1) Extraite des notes du docteur Subervie.

déjà très amaigri et très faible, fut envoyé aux Pyrénées, pour une maladie de poitrine et du larynx, et arriva à Bagnères le 12 juin 1848. Sa voix était complétement éteinte; la toux très fatigante, notamment le soir et le matin, était accompagnée d'expectoration. Les crachats étaient épais, verdâtres, mêlés parfois de stries sanguinolentes; la gêne de la respiration très prononcée et il éprouvait, dans la région du larynx la sensation d'un corps étranger. Le pouls était petit, à 110 ou 120 pulsations; la peau chaude et dans un état de moiteur habituelle. Il avait perdu l'appétit, dormait peu et transpirait abondamment toutes les nuits. Les régions sous-claviculaires, surtout du côté droit, offraient une matité non physiologique, et dans ces mêmes régions la respiration était rugueuse; le bruit d'expansions vésiculaires s'entendait assez bien partout, si ce n'est au sommet des deux poumons où il était notablement affaibli, où il existait parfois des craquements humides. On entendait un sifflement très sensible dans la région trachéale.

Après quelques jours de repos et de l'emploi de boissons adoucissantes, M. Subervie conseilla au malade un régime approprié à son état, et lui fit prendre, tous les jours, un quart de verre d'eau de Labassère, coupée avec du lait, dont on augmenta la dose tous les trois jours d'un quart de verre jusqu'à deux verres dans les vingt-quatre heures. Au bout d'une semaine, la toux et les crachats diminuaient sensiblement; le malade se sentait plus fort, les sueurs étaient moins abondantes, il avait un peu plus d'appétit et dormait mieux. L'eau étant bien supportée, l'usage en fut continué, et trois semaines plus tard, c'est-à-dire après un mois de traitement, les crachats n'étaient plus sanguinolents, la respiration était beaucoup plus libre, le malade faisait des promenades assez longues sans se fatiguer ni transpirer; il reprenait visiblement ses forces et sa gaieté. Enfin, vers la fin de la saison, c'est-à-dire après deux mois de traitement, M. C... avait recouvré sa voix, il ne toussait et ne crachait plus qu'un peu le matin. Il repartit pour Paris avant la fin de la bonne saison, et après l'hiver l'amélioration s'était parfaitement soutenue.

Malgré le conseil qui lui en avait été donné, M. C... ne retourna pas aux Pyrénées la saison suivante. Mais l'hiver, à la suite d'une bronchite aiguë, l'affection laryngo-pulmonaire reprit toute son intensité, et après des progrès rapides, le malade succomba au printemps.

Cette observation est un exemple très remarquable de la puissance de l'eau de Labassère dans l'affection tuberculeuse des poumons et l'inflammation chronique du larynx, qui en est la compagne fréquente. Le diagnostic ne saurait être mis en doute, puisque deux ans après la mort est venue malheureusement le confirmer; et l'on peut, pour ainsi dire, affirmer que, si le malade avait suivi les conseils des médecins, l'affection tuberculeuse serait restée stationnaire et n'aurait pas repris une marche croissante.

—La tuberculisation pulmonaire, à la période de ramollissement avec expectoration purulente et excavations tuberculeuses, est encore susceptible, sinon de guérir, au moins de suspendre quelquefois sa marche destructive, et de laisser vivre les malades, si ce n'est dans un état de santé parfaite, au moins dans une position qui n'est plus la maladie. Voici deux faits pris parmi tous ceux que nous pourrions citer, qui démontrent l'exactitude de cette proposition.

ONZIÈME OBSERVATION. *Phthisie pulmonaire au troisième degré. — Emploi de l'eau de Labassère; disparition de presque tous les phénomènes morbides.* — Nous fûmes consulté, à Paris, au mois de décembre 1850, pour une dame de vingt-cinq ans, mère de deux enfants, d'un tempérament lymphatique nerveux, ayant déjà perdu une de ses sœurs d'une maladie de poitrine, arrivée à un état voisin du marasme, non réglée depuis huit à dix mois, que les médecins considéraient comme phthisique et n'offrant aucune ressource à un traitement quelconque.

La malade portait sur sa physionomie l'empreinte de sa maladie; elle avait eu, depuis la cessation de ses règles, plusieurs hémoptysies; elle dépérissait sensiblement chaque jour; elle toussait beaucoup; sa voix était fortement altérée; elle pouvait à peine se lever quelques heures dans la journée; les crachats étaient abondants et purulents, le mouvement fébrile assez violent et continu; elle suait toutes les nuits; elle avait par moments de la diarrhée; l'auscultation ne laissait enfin aucun doute sur l'existence d'une cavité anormale au sommet du poumon droit, et d'une tuberculisation très étendue et moins avancée du côté gauche. Les préparations antimercurielles, pectorales, de toute espèce, l'huile de foie de morue, avaient été tour à tour et vainement employées pendant longtemps.

Plutôt dans le but de calmer le moral de la malade que dans l'espoir d'une amélioration réelle, nous conseillâmes l'eau de Labassère, à la dose d'un demi-verre par jour, à prendre en trois fois dans l'intervalle des heures des repas, et sans rien changer à son hygiène, qui était excellente. Au bout de huit jours, elle se trouvait mieux ; la fièvre était moindre, l'appétit meilleur, la digestion plus facile, la toux moins fréquente, l'expectoration plus aisée, les crachats moins abondants et moins visqueux. Tout en surveillant de près toutes les fonctions, la dose de l'eau portée graduellement à un verre et demi, et après deux mois de traitement, elle avait recouvré des forces, pouvait faire, seule et à pied, quelques promenades, respirait beaucoup plus facilement, avait repris de l'embonpoint, mangeait, digérait avec facilité quelques aliments choisis. Elle a continué son traitement jusqu'au mois d'avril, époque à laquelle elle est partie pour la campagne, emportant de l'eau sulfureuse pour en boire tout le printemps. Au moment de son départ, la cavité existait toujours au sommet du poumon droit, et du côté gauche il y avait eu diminution notable du murmure vésiculaire et du souffle bronchique.

DOUZIÈME OBSERVATION. *Tuberculisation pulmonaire avec ramollissement et excavation. — Emploi des eaux de Cauterets et Labassère; diminution très notable des phénomènes morbides.* — Ce fait est encore plus curieux que le précédent, en ce sens que le malade est médecin, et qu'il fait lui-même, dans une note qu'il a eu l'obligeance de nous envoyer, l'histoire de sa maladie.

« Depuis longues années, dit-il, j'étais atteint d'un catarrhe chronique des bronches, qui affaiblissait sensiblement l'organe pulmonaire. En 1844, à l'âge de quarante-quatre ans, j'eus, pour la première fois, une hémoptysie peu abondante et qui disparut sans être obligé de renoncer aux charges de ma clientèle. Mais la bronchite persistait toujours. En 1846, le crachement de sang reparut, plus abondant et plus opiniâtre que la première fois. Pendant l'hiver de 1848, je fus atteint par la grippe qui me fatigua beaucoup, pendant laquelle l'hémoptysie se renouvela encore avec des symptômes alarmants, accompagnée de toux et d'une dyspnée extrême; elle dura quarante jours. Je conservai le repos le plus absolu et me mis à l'usage du lait d'ânesse. Dans le courant du mois de septembre, je me rendis très difficilement à Cauterets, où je ne pus supporter les eaux que pendant quinze jours et à très faible dose; j'étais d'une faiblesse extrême. Une fois rentré dans ma famille, je sentis que les eaux avaient produit dans mon état une amélioration sensible; néanmoins le crachement de sang reparaissait tous les mois, et quelquefois il devenait inquiétant. L'hiver suivant, je fus constamment souffrant. Depuis le mois de février jusqu'à la fin de mars, je buvais tous les matins un grand verre de lait d'ânesse, et au bout de trente-cinq jours de son usage, mon estomac ne pouvant plus le supporter, je le remplaçai par un verre d'eau de Labassère, coupée avec du lait de vache ou d'ânesse, indistinctement et même quelquefois avec solution de gomme arabique, que je prenais en deux fois dans la matinée, à un quart d'heure d'intervalle. J'en consommai ainsi dix bouteilles, et sous l'influence de ce simple traitement, la respiration devint meilleure, l'expectoration moins abondante et plus muqueuse; je repris de l'embonpoint et des forces, et une partie de mes occupations habituelles. Je supendis pendant quelque temps l'emploi de cette médication pour la reprendre bientôt, car je sentais en avoir besoin; j'en employai cette fois dix bouteilles, et je m'en trouvai très bien, bien mieux encore que la première fois. Depuis lors, je reviens de temps en temps à l'usage de l'eau de Labassère, dont les bons effets se font toujours remarquer après quelques jours de son emploi. »

Au mois d'août 1849, nous avons eu l'occasion de voir l'honorable confrère qui fait le sujet de cette observation. Il nous a été facile de nous assurer par nous-même de la réalité de ce récit et de l'existence de tubercules ramollis dans les deux poumons, surtout du côté droit. Nous ne pouvions lui donner de meilleur conseil que celui de suivre avec persévérance ce régime et le traitement par l'eau sulfurée de Labassère, qui lui a déjà si bien réussi, puisque aujourd'hui il a pu reprendre les fonctions pénibles de médecin de campagne.

Les deux observations précédentes sont très remarquables, mais il ne faut pas s'attendre à voir produire, dans tous les cas, à l'eau de Labassère ou à toute autre de même nature, des résultats aussi efficaces. De même que tous les praticiens, nous avons vu échouer, dans l'immense majorité des cas analogues à ceux-ci, tous ces moyens thérapeutiques; mais ils prouvent au moins que le médecin ne doit pas complétement se décourager lorsqu'il se trouve en face d'un malade tuberculeux, à un degré même avancé, et que, dans quelques cas particuliers, rares sans doute, il pourra parvenir, à l'aide des moyens de l'hygiène et d'une sage thérapeutique, à ramener à un état de santé supportable des malades qui semblaient voués à une mort certaine et prochaine. Et nous pouvons dire que si l'on ne guérit pas la tuberculisation pulmonaire, on peut, dans quelques cas, guérir la phthisie, c'est-à-dire, l'expectoration purulente, le dépérissement et la fièvre. Il est enfin des cas où la phthisie pulmonaire, n'offrant plus aucune chance d'amélioration réelle, le médecin, obligé d'attendre en spectateur impuissant, la mort qui en est la terminaison fatale et nécessaire, peut encore, sinon prolonger l'existence du malade, porter du moins quelque soulagement aux organes qu'entraînent la difficulté de l'expectoration et le besoin incessant de respirer. Nous avons presque constamment remarqué que les eaux sulfureuses procuraient du calme aux malades chez lesquels la dyspnée devient quelquefois extrême, en raison des matières qui remplissent les bronches et dont l'expulsion est difficile et laborieuse à cause de leur viscosité ou de la grande faiblesse du malade. Le fait suivant est un des exemples les plus curieux parmi ceux que nous pourrions citer à ce sujet.

TREIZIÈME OBSERVATION (1). *Phthisie pulmonaire au troisième degré, dyspnée extrême, expectoration très difficile. Emploi de l'eau de Labassère; soulagement marqué, mort.* — Un jeune homme

(1) Extraite des notes du docteur Rousse.

de Bagnères, âgé de dix-sept ans, d'un tempérament lymphatique, pâle et amaigri, était né de parents phthisiques. Dans les premiers jours de mars 1849, une excavation étendue, siégeant dans le lobe supérieur du poumon gauche, était révélée par des souffles caverneux et une pectoriloquie évidente. L'expectoration était abondante, les crachats épais, visqueux, verdâtres, difficiles à arracher ; la respiration très gênée ; le pouls petit et fréquent, la sueur abondante toutes les nuits. Après avoir pris, pendant cinq jours, un verre d'eau de Labassère, en deux fois dans la matinée, coupée avec du lait chaud, l'expectoration devint plus facile et moins gluante, les sueurs diminuèrent et les forces semblaient moins prostrées. Le malade, se croyant à peu près guéri, suspendit, sans conseil, l'usage du médicament sulfureux; mais bientôt, malgré les loochs kermétisés et émétisés et les boissons pectorales de toute sorte, la respiration s'embarrassa de nouveau, et l'expulsion des crachats redevint très difficile. Ces phénomènes s'amendèrent sous l'influence de quelques nouvelles doses d'eau sulfureuse, se reproduisirent après la cessation nouvelle de son usage, que l'on fut obligé de reprendre bientôt. Cette fois encore une amélioration notable se montre ; mais une diarrhée se déclare, qui force de renoncer momentanément à l'emploi du remède sulfureux et de le remplacer par des boissons féculentes et quelques doses d'opium. A cette diarrhée succède bientôt de la constipation en même temps que la dyspnée devient extrême et les crachats très visqueux. L'eau minérale surmonte encore ces accidents, en reproduisant la diarrhée qui n'en permet pas la continuation. Alors l'amaigrissement et la fièvre hectique marchent avec rapidité; la toux devient fréquente, la dyspnée plus grande et l'expulsion des crachats plus difficile. L'eau est encore reprise à des doses très faibles et continuée jusqu'à la mort, arrivée sans souffrance, sans agonie, dans les premiers jours de septembre.

Dans les derniers temps de sa vie, le malade, s'amaigrissant sans cesse et constamment miné par le mouvement fébrile continu, prenait encore quelques aliments, et croyait chaque jour toucher au moment de sa convalescence.

L'autopsie étant faite, on trouva le sommet du poumon

creusé par plusieurs cavernes presque vides et communiquant entre elles.

Ici l'eau sulfureuse a été impuissante à arrêter la marche de la maladie ; mais chaque fois que le malade revenait à son emploi, il respirait et crachait plus librement.

E. PELLAGRE.

L'eau de Labassère peut être employée avec succès dans les affections du système cutané où les eaux minérales sulfureuses ont coutume de produire de bons effets, et nous avons vu, sous l'influence de son usage prolongé, quelques cas d'eczéma, de psoriasis, de prurigo, de pityriasis anciens et rebelles à d'autres médications, céder à son emploi. Nous ne faisons que signaler ces faits qui ne nous ont offert rien de spécial ; nous voulons seulement ici chercher à fixer l'attention du médecin sur son efficacité dans le traitement d'une maladie générale, dont la localisation dans les diverses parties du système cutané n'est évidemment que l'une des manifestations pathologiques les moins importantes ; maladie grave et rebelle à toute espèce de méthode thérapeutique, ayant l'habitude de se reproduire, chez le même sujet, tous les ans, au printemps, jusqu'à ce qu'elle entraîne fatalement la mort du malheureux qui en est atteint. Cette maladie est la *pellagre*.

Au nombre des matériaux qui nous sont parvenus à l'occasion de ce travail, nous avons trouvé une note qui nous a particulièrement frappé, parce que, en la supposant exacte, elle contenait une véritable découverte.

Un modeste praticien de Labassère, M. Verdoux, racontait dans cette note, que depuis 1840, époque à laquelle il en avait fait le premier essai, jusqu'en 1850, il avait guéri, à l'aide de l'eau sulfureuse, dix-neuf cas de pellagre, c'est-à-dire, tous ceux qu'il avait rencontrés dans sa pratique ; tandis que sur les trente-neuf pellagreux qu'il avait traités, seul ou de concert avec d'autres, depuis 1817 jusqu'en 1840, la mort avait été le terme fatal et constant de la maladie, quel que fût le traitement mis en usage.

Les résultats annoncés par M. Verdoux nous paraissant extraordinaires et laissant quelques doutes dans notre esprit, nous avons demandé à notre honorable confrère des détails plus étendus et plus circonstanciés, qu'il s'est empressé de nous transmettre. Les faits sont tellement précis et si simplement racontés, que nous ne pouvons que leur accorder toute notre confiance, en engageant toutefois les médecins qui se trouvent dans des conditions favorables, à en faire, par des expériences nouvelles et multipliées, une vérification consciencieuse et prochaine. La question est importante; elle mérite, pour l'élucider, le concours de tous les praticiens qui habitent les contrées où règne habituellement cette maladie, car la pellagre est une maladie assez commune, constamment mortelle lorsqu'on la traite par les méthodes connues jusqu'à ce jour, tandis que l'eau de Labassère en a constamment amené la guérison et prévenu la récidive. Disons, avant tout, que l'honneur de cette découverte appartient tout entier à M. Verdoux; que nous ne réclamons pour nous d'autre mérite que celui, bien faible, de faire connaître une découverte précieuse qui, en raison de la modestie trop grande de son auteur, serait restée probablement toujours ignorée.

Après avoir indiqué d'une manière générale les caractères de la maladie, il rapporte treize cas de guérison dont nous donnerons une analyse succincte, avec le soin de ne pas en altérer le sens. Par ces détails, chacun pourra se convaincre et de la réalité du diagnostic, et de l'efficacité de la médication sulfureuse.

« Les caractères principaux de la maladie que j'ai observée pour la première fois à Labassère, au printemps de 1817, sont, dit M. Verdoux, un érythème squammeux qui se manifeste sur les parties du corps les plus ordinairement découvertes, telles que le front, les pommettes, le cou, chaque cou-de-pied et surtout le dos de la main. Cet érythème survient au printemps, dure tout l'été et se dissipe à l'automne, mais en laissant sur la peau des cicatrices semblables à celles des brûlures. L'affection ne manque pas de reparaître avec plus d'intensité le printemps suivant; elle s'accompagne de phénomènes généraux qui se reproduisent ou se cachent en même temps que l'éruption. Ces symptômes sont, du côté de l'appareil digestif : la rougeur, les gerçures de la langue et des lèvres; un état scorbutique des gencives; souvent des nausées, des vomissements et de la diarrhée. Du côté de l'appareil nerveux cérébro-spinal : des douleurs et de la faiblesse dans les membres, l'œdème des pieds et des jambes, des vertiges, un amaigrissement progressif, l'oblitération des sens et de l'intelligence, quelquefois la manie avec tendance au suicide; enfin fatalement la mort. J'ai vu un homme atteint de cette grave maladie, qui, après avoir été plusieurs fois empêché par ses parents de se tuer et de s'étrangler avec une corde, a fini par se noyer dans un petit ruisseau.

» Elle se déclare plus particulièrement chez les personnes faibles ou pauvres, et qui se nourrissent exclusivement et constamment de maïs.

» Depuis 1817 jusqu'en 1839 inclusivement, j'ai observé dans ma pratique, à Labassère et dans les communes voisines, trente-neuf cas de pellagre. Plusieurs médecins ont été, sur ma demande, appelés en consultation, sans lui donner de nom, si ce n'est un seul qui la considérait comme une lèpre vulgaire; le plus souvent ils ont approuvé, quelques uns ont modifié mon traitement. La mort a été le terme constant de cette grave maladie.

» Au printemps de 1840, j'avais à traiter deux malades nouveaux, et ne voyant en eux, comme par le passé, qu'une maladie de la peau, car je ne la connaissais pas encore sous le nom de pellagre, je leur conseillai l'usage de l'eau sulfureuse de Labassère à la dose d'un quart de litre par jour, coupée avec une égale quantité de lait assez chaud pour réchauffer le liquide sulfureux. Quinze jours de son usage, sans autre médication, firent justice de la maladie. Enhardi par ce premier succès, je l'ai toujours employée comme unique moyen contre cette maladie. Depuis cette époque, c'est-à-dire dans l'espace de onze ans, j'ai observé dix-neuf sujets atteints de pellagre; tous ont été soumis à l'usage de l'eau sulfureuse, et j'ai eu la satisfaction de les voir guérir tous sans exception, malgré les vertiges, l'idiotisme, la diarrhée, l'œdème des extrémités inférieures dont un grand nombre étaient atteints.

» Depuis le 1er mai, j'ai fait prendre généralement l'eau le matin, sans mélange, froide ou réchauffée, au gré des malades, à la dose d'un demi-litre par jour pendant quinze jours. Les malades se reposaient alors quelquefois pendant huit, dix ou quinze jours, et puis en reprenaient l'usage, à la même dose, de la même manière et pendant le même temps. Tous les pellagreux n'ont pas été assez dociles pour suivre exactement mes prescriptions; plusieurs n'en ont pas recommencé l'usage après la première quinzaine.

» Malgré l'inflammation dont paraissent frappés les organes digestifs dans la pellagre, on ne doit pas hésiter à employer l'eau minérale sans la couper; car, au lieu de l'aggraver, elle la dissipe toujours comme par enchantement.

» Sur les dix-neuf malades traités et guéris par l'eau de Labassère, l'affection s'est reproduite, au printemps suivant, cinq fois, et seulement chez les individus qui l'avaient prise coupée avec du lait et en plus faible quantité que les autres, ou chez lesquels la maladie avait offert d'abord une grande gravité; mais après avoir recommencé le traitement d'après les mêmes principes, la maladie a été guérie et ne s'est plus montrée jusqu'à présent. Je crois que le mieux est d'en continuer l'usage le plus longtemps possible, et de le reprendre tous les printemps pendant plusieurs années, même après parfaite guérison. J'ai fait faire à quelques uns d'entre eux des lotions avec l'eau minérale sur les parties squammeuses; elles paraissent agir favorablement, mais d'une manière secondaire. Je ne l'ai jamais employée en bains, parce qu'il n'y a pas de baignoires à la source, et que celle-ci se trouve trop éloignée des communes pour le transport facile d'une assez grande quantité d'eau. Quelques malades ont été envoyés à Bagnères ou à Cauterets pour y prendre des bains, qui sont toujours favorables, mais que je ne considère pas comme indispensables. »

Les observations que nous allons rapporter, extraites toutes des notes de M. Verdoux, feront encore mieux juger que les considérations générales l'action puissante et comme spécifique de l'eau sulfureuse dans le traitement de la pellagre.

Quatorzième observation. — Françoise Arramond, ménagère à Labassère, âgée de vingt-six ans, d'un tempérament sanguin, d'une constitution forte, n'ayant jamais eu de maladie antérieure, atteinte de pellagre depuis les premiers jours d'avril 1845, fait appeler M. Verdoux le 1er juillet suivant

Voici son état : Érythème squammeux au front, aux pommettes, au nez, au cou, aux mains et à chaque cou-de-pied ; sensation d'une grande chaleur depuis la bouche jusqu'à l'estomac ; lèvres très rouges et gercées, ainsi que la langue qui était dépouillée de son épiderme ; salivation incessante, claire comme de l'eau et salée ; céphalalgie frontale ; vertiges provoquant des chutes fréquentes ; idiotisme par intervalles plus ou moins rapprochés ; diarrhée ; œdème des pieds et des jambes ; amaigrissement considérable ; ne pouvant supporter l'usage du vin qui déterminait un sentiment de brûlure dans tout le tube digestif ; aversion extraordinaire pour le pain fait avec la farine de seigle, qu'elle trouvait rude et comme sablonneux ; mangeant, au contraire, sans dégoût et sans éprouver la même sensation, le pain de froment fabriqué chez le boulanger. Elle fut mise à l'usage d'une alimentation substantielle, sans être excitante, d'un demi-litre d'eau de Labassère par jour, coupée avec une égale quantité de lait assez chaud pour avoir le mélange tiède, des lotions avec la même eau tiède sur toutes les parties affectées. Après huit jours de traitement, l'érythème avait considérablement diminué. L'eau fut prise ensuite pure, réchauffée, à la même dose, pendant trois semaines. Au bout de ce temps la guérison était complète. Il n'y a pas eu de récidive. La malade jouit, depuis cette époque, d'une très bonne santé.

Quinzième observation. — Marie Laffaille, âgée de trente-deux ans, née à Soulagnets (hameau de Bagnères), ménagère à Germs : tempérament sanguin, constitution forte ; ayant eu antérieurement deux fluxions de poitrine ; malade depuis deux mois et demi, lorsqu'elle appela le médecin le 12 juillet 1845. Elle offrait exactement les mêmes caractères que la malade précédente. L'eau de Labassère fut donnée de la même manière. Le résultat fut le même ; et après huit jours de traitement, l'éruption était notablement amendée, et avant la fin du mois d'août, toutes les fonctions étaient rentrées dans leur ordre normal. Il n'y a pas eu de récidive, et depuis lors cette femme jouit d'une santé parfaite.

Seizième observation. — Jacques Pécapéra, âgé de soixante-cinq ans, né à Germs, cultivateur à Labassère, qu'il habite depuis quarante ans : tempérament sanguin, constitution forte ; n'ayant pas eu de maladie antérieure; malade depuis les premiers jours d'avril 1840, lorsque M. Verdoux fut appelé au commencement du mois de juin suivant. Un médecin, ayant été déjà consulté, avait pris la pellagre pour une maladie vénérienne, contre laquelle il avait prescrit un traitement spécial, auquel on renonça d'après l'avis de M. Verdoux. Les symptômes étaient les mêmes que dans les deux cas précédents, avec cette différence que, chez ce malade, l'idiotisme était tel qu'il ne pouvait soutenir aucune conversation, qu'il dansait en chemise dans la maison ou au dehors lorsqu'il pouvait parvenir à s'échapper. On lui fit prendre, avec peine, un quart de litre d'eau sulfureuse par jour, pure et chaude ; il en continua l'usage, à la même dose, pendant trois mois, en se reposant huit jours par mois. La guérison fut complète le 1er novembre suivant. Il n'y a pas eu de récidive ; mais depuis lors il se remet à l'usage de l'eau sulfureuse tous les printemps.

Dix-septième observation. — Jeanne Lacraberie, âgée de cinquante-deux ans, ménagère à Soulagnets : tempérament sanguin, constitution robuste ; n'ayant jamais été malade auparavant ; malade seulement depuis quinze jours, lorsque le médecin fut appelé le 15 mai 1847. Tous les symptômes énoncés dans la première observation existaient ici, si ce n'est l'idiotisme. L'eau sulfureuse fut donnée, pure et réchauffée, à la dose d'un demi-litre par jour pendant cinq semaines, époque à laquelle elle était entièrement guérie. Elle n'a pas eu de récidive, et elle jouit depuis d'une bonne santé.

Dix-huitième observation. — Domenge Lanne, âgée de cinquante-six ans, ménagère à Soulagnets : tempérament sanguin, constitution moyenne ; n'ayant jamais eu antérieurement d'affection sérieuse ; malade depuis deux mois et demi, lorsqu'elle appela le médecin le 15 juin 1847. Tous les symptômes de la pellagre existaient, moins l'idiotisme. L'eau de Labassère fut prescrite, à la dose d'un litre par jour, coupée avec une égale quantité de lait chaud pendant huit jours. Elle en continua ensuite l'usage, à la même dose et sans mélange pendant quinze jours, et au bout de ce temps tous les symptômes avaient considérablement diminué. M. Verdoux fit transporter la malade à Bagnères, lui fit prendre pendant quinze jours les bains du Foulon, en même temps qu'elle continuait à boire l'eau sulfureuse. En arrivant à Bagnères, elle était tellement faible et avait des étourdissements si fréquents, que l'on était obligé de la conduire au bain et de la ramener à son logement. A la fin de son traitement, elle se retira seule et parfaitement guérie. Elle n'a pas eu de récidive et elle jouit, depuis lors, d'une santé parfaite.

DIX-NEUVIÈME OBSERVATION. — Étienne Dassibat, âgé de neuf ans, né à Lesponne (hameau de Bagnères), vacher à Labassère : tempérament lymphatique, constitution faible. A l'âge de six ans, il avait eu une variole confluente grave dont il était resté profondément gravé. Depuis cette époque, l'enfant était chétif et valétudinaire, avec une céphalalgie constante et une toux sèche et fatigante. Il était atteint de la pellagre depuis le mois de mars 1847, et ce n'est que le 20 juin suivant que le médecin fut appelé pour lui donner ses soins. Tous les symptômes, si ce n'est l'idiotisme, étaient réunis chez lui. Il fut soumis pendant un mois à l'usage de l'eau de Labassère, à la dose d'un quart de litre par jour, chauffée et sans mélange. On lui fit des lotions pendant tout ce temps avec le même liquide. Après ce traitement, la toux, les maux de tête et la pellagre avaient complétement disparu ; il n'y a jamais eu de récidive. Ce jeune homme jouit aujourd'hui de la meilleure santé.

VINGTIÈME OBSERVATION. — Joseph Despiau, âgé de trente-six ans, tailleur d'habits à Labassère : tempérament lymphatico-sanguin, constitution faible ; ayant eu antérieurement deux fluxions de poitrine ; asthmatique et sujet à des accès épileptiformes. Il avait la pellagre depuis plusieurs mois, lorsque le médecin le vit pour la première fois le 22 juin 1847. Tous les symptômes de la maladie existaient ; il était idiot par moments, et cet idiotisme aggravait l'affaiblissement des sens et de l'intelligence déterminé par l'épilepsie. Un demi-litre d'eau sulfureuse par jour fut prescrit au malade, mais c'est à peine si l'on pouvait parvenir à lui en faire prendre la moitié, c'est-à-dire un quart de litre. Il en continua l'usage pendant deux mois, et au bout de ce temps il était entièrement guéri. La maladie s'est reproduite au printemps suivant ; mais soumis de nouveau au même traitement dès le début de la nouvelle invasion, tous les symptômes se sont promptement dissipés. Il n'a pas eu de nouvelle récidive, et depuis lors il jouit d'une meilleure santé qu'auparavant; car, depuis deux ans, il n'a pas eu d'attaque d'épilepsie, bien que pendant cinq ans il ait été atteint de cette cruelle maladie. Il revient tous les printemps à l'usage de l'eau sulfureuse.

Vingt et unième et vingt-deuxième observations. — Pierre et Marianne Assibat, frère et sœur, âgés le premier de trente-cinq ans, et l'autre de quarante-deux; nés à Soulagnets; le premier cultivateur et la deuxième ménagère à Labassère; tous deux d'un tempérament lymphatique et d'une faible constitution. Le frère n'avait jamais eu de maladie auparavant; la sœur avait été atteinte déjà de deux catarrhes pulmonaires. Pierre était malade depuis deux mois, lorsque le médecin fut appelé le 1er octobre 1848, et présentait d'ailleurs tous les caractères de la pellagre, excepté l'idiotisme. Marianne, au contraire, ne s'était aperçue de la maladie que depuis huit jours, et chez elle, elle était exclusivement caractérisée par une éruption squammeuse sur le dos des deux mains. Ils furent mis l'un et l'autre, pendant trois semaines, à l'usage de l'eau sulfureuse, sans mélange et chaude, à la dose d'un demi-litre par jour, et ils firent en même temps des lotions avec le liquide sulfureux. Quoiqu'ils fussent entièrement guéris tous deux au bout de trois semaines, M. Verdoux les envoya passer quinze jours à Cauterets, où ils prirent chacun douze bains à la Raillière, en même temps qu'ils faisaient usage en boisson de l'eau de la même source, le frère à la dose de quatre et la sœur à celle de deux verres par jour. Il n'y a jamais eu de cas de récidive et ils jouissent l'un et l'autre de leur santé habituelle.

Vingt-troisième observation. — Jacquette Barthe, âgée de soixante-neuf ans, ménagère à Labassère: tempérament lymphatique et constitution faible; ayant eu antérieurement un catarrhe bronchique grave; malade depuis deux mois, lorsque le médecin fut appelé le 15 mai 1848. Elle offrait tous les symptômes qui caractérisent la pellagre, excepté l'idiotisme. Elle prit, pendant quinze jours, un demi-litre, tous les matins, d'eau de Labassère sans mélange et chaude; et dans la journée elle prenait du petit-lait pour tisane. Elle était guérie à la fin du mois. Il n'y a pas eu de récidive. Sa santé est aujourd'hui parfaite.

VINGT-QUATRIÈME OBSERVATION. — Jean Fourcade, âgé de quarante-cinq ans, cultivateur à Labassère : tempérament lymphatique-sanguin, constitution forte; ayant eu autrefois un rhumatisme articulaire. La pellagre était au plus haut point d'intensité, lorsque le médecin le vit pour la première fois, le 6 juillet 1848; cependant il n'était pas idiot. Pendant huit jours il prit, tous les matins, un demi-litre d'eau de Labassère coupée avec du lait chaud, et il continua ensuite l'usage de l'eau, pure et froide, pendant quinze jours et à la même dose. Il fit également des lotions d'eau sulfureuse pendant toute la durée du traitement interne. Et, quoique au bout de trois semaines il fût parfaitement guéri, M. Verdoux lui conseilla d'aller passer quinze jours à Bagnères, où il continua l'usage de l'eau sulfureuse à l'intérieur, et prit chaque jour un bain au Foulon. En 1849, la pellagre s'étant reproduite, il se remit au même traitement; la guérison fut bientôt complète. Il n'y a pas eu de nouvelle récidive, et depuis lors sa santé est excellente.

VINGT-CINQUIÈME OBSERVATION. — Etienne Laffaille, âgé de cinquante et un ans, né à Soulagnets, cultivateur à Labassère, qu'il habite depuis quatorze ans : tempérament lymphatique sanguin; atteint de la pellagre depuis le commencement du mois de mai 1849. Le médecin le vit, pour la première fois, le 1er août suivant. L'affection était à un très haut degré d'intensité, et le malade commençait à devenir idiot. Pendant deux mois, il fit des lotions sur les parties malades et prit, chaque jour un demi-litre d'eau sulfureuse froide et sans mélange. La guérison, au bout de ce temps, était parfaite. Et bien qu'il n'y ait eu, au printemps, aucune apparence de récidive et qu'il jouisse d'une bonne santé, il s'est de nouveau mis à l'usage de l'eau minérale.

La maladie a débuté, en 1849 et en 1850, par une toux fatigante et sèche qui s'est dissipée, chaque fois, avec la guérison de la pellagre.

VINGT-SIXIÈME OBSERVATION. — Vincent Fourcade, âgé de

trente-cinq ans, cultivateur à Labassère : tempérament nerveux, constitution faible; n'ayant jamais eu de maladie auparavant; atteint de la pellagre depuis les premiers jours d'avril 1850. Le médecin fut appelé pour la première fois le 1er mai suivant. A part l'idiotisme, il présentait tous les caractères de la maladie. Il prit pendant quinze jours l'eau de Labassère à la dose ordinaire d'un demi-litre, coupée avec le tiers de son volume de lait chaud. Après la première semaine, il y avait une grande amélioration, et huit jours après la guérison était parfaite. En même temps qu'il prenait l'eau à l'intérieur, il faisait des lotions sur les parties malades avec le même liquide. Cette année, quoique la maladie ne se soit pas montrée de nouveau, il a repris pendant quinze jours l'usage de l'eau sulfureuse.

« Je possède, dit M. Verdoux, dix autres observations de pellagre guérie par le même moyen; mais comme elles ne diffèrent pas des précédentes, il n'y aurait aucun intérêt à les rapporter. »

Avant la découverte des propriétés de l'eau de Labassère, le traitement mis en usage par M. Verdoux et par les médecins appelés en consultation, pour combattre la pellagre, ne s'éloignait pas ordinairement de l'emploi des toniques, des antispasmodiques et des antiscorbutiques. La maladie se dissipait à l'automne, et on la croyait guérie ; mais elle ne manquait pas de se reproduire avec plus d'intensité le printemps suivant, et alors, quelle que fût la méthode thérapeutique mise en usage, tous les malades devenaient idiots et succombaient dans le courant de l'année.

Depuis sa découverte, M. Verdoux regarde la pellagre comme la maladie la plus facile à guérir, sans autre moyen que l'usage de l'eau de Labassère en boisson, tandis qu'auparavant elle devenait constamment mortelle.

Les faits que nous venons de rapporter sont d'une telle évidence, qu'il n'est pas possible d'élever un doute sur l'efficacité de l'eau de Labassère dans le traitement de la pellagre; mais cette eau minérale ne jouira pas sans doute seule de cette sorte de spécificité; il est extrêmement probable, et même certain, que toutes les eaux sulfureuses naturelles fortement minéralisées, de même qu'un grand nombre de préparations de soufre, produiront, à des degrés divers, des effets thérapeutiques semblables.

Quoi qu'il en soit, pourvu que les assertions de M. Verdoux soient confirmées par l'expérience des autres praticiens ; que l'eau de Labassère guérisse seule la pellagre, ou bien qu'elle partage cette propriété avec les eaux minérales de la même classe et avec les préparations sulfureuses de toute nature, sa découverte sera toujours une des découvertes médicales les plus importantes de notre époque, puisqu'elle nous conduit par un procédé bien simple à la guérison certaine d'une maladie contre laquelle tous les moyens essayés jusqu'à ce jour s'étaient montrés impuissants ; maladie qui menait fatalement à une mort plus ou moins prochaine tous les malheureux qui en étaient atteints.

VII

CONCLUSIONS.

L'eau de Labassère, découverte en 1800 par M. l'abbé Pédefer, appartient à la classe des eaux minérales sulfureuses naturelles.

Elle est naturellement froide, et sa température à peu près constante.

Son odeur est hépatique et sa saveur douce et peu désagréable.

Sa composition, bien connue grâce aux travaux récents de MM. Filhol et Poggiale, est remarquable sous plusieurs rapports, particulièrement par la forte proportion de sulfure de sodium et la faible quantité de sels calcaires qu'elle contient.

Elle est plus fortement sulfurée que l'eau de Baréges, et beaucoup plus que celles de Bonnes, de Cauterets et de St-Sauveur ; un peu moins que celle de Cadéac et les plus fortes de Luchon.

Elle renferme, comme les eaux de Luchon, de l'alumine, que l'on ne retrouve ni à Baréges, ni à Bonnes, ni à Cauterets.

Par sa richesse en chlorure elle ressemble à celle de Bonnes, et se place à la tête des eaux les plus chlorurées des Pyrénées.

Elle contient une assez forte proportion de silice et des traces d'iode.

Son peu d'altérabilité, qu'elle doit à ses propriétés alcalines et à sa température naturellement froide, la distingue des eaux de Bonnes, de Cauterets, de Saint-Sauveur et de toutes les eaux sulfureuses chaudes, qui s'altèrent promptement par le refroidissement, le contact de l'air et le transport.

Cette grande stabilité la rend très précieuse pour l'exportation, pour son emploi loin de sa source, et la rend, sous ce rapport, infiniment supérieure à celles de Bonnes, de Cauterets, de Saint-Sauveur, etc.

Elle forme un type particulier parmi les eaux minérales sulfureuses, car elle diffère de chacune d'elles par quelque caractère important.

Elle est moins propre à l'usage des bains que les eaux chaudes des Pyrénées, parce qu'il faut la réchauffer, et qu'en la chauffant elle perdrait nécessairement une partie de son principe sulfureux.

On s'en sert quelquefois en lotions, mais c'est en boisson qu'elle est spécialement destinée à être employée.

On ne la boit que très rarement à la source, où il n'existe pas d'établissement thermal.

On la transporte facilement partout dans des bouteilles bien bouchées; on peut la conserver ainsi des mois et des années, sans que ses qualités physiques, chimiques et médicinales subissent aucune altération notable.

Une buvette, capable de suffire à tous les besoins, est établie aux bains de Théas à Bagnères-de-Bigorre; elle sera alimentée, tous les ans, pendant toute la durée de la saison thermale, avec l'eau de Labassère, qui, chauffée au bain-marie à l'aide de l'eau naturellement chaude de l'établissement, à l'abri du contact de l'air, y conservera toutes les propriétés qu'elle possède à la source. Les personnes qui, pour un motif quelconque, ne pourraient se rendre à Bonnes, à Saint-Sauveur ou à Cauterets pour y faire usage de leurs eaux salutaires; celles à qui une eau sulfureuse en boisson sera utile en même temps que les eaux salines de Bagnères en bains, pourront aller puiser à cette fontaine sulfureuse, comme on a coutume de le faire aux buvettes salines de plusieurs autres établissements.

L'eau de Labassère peut être donnée en toute saison, même pendant le froid de l'hiver et la chaleur de l'été, à la condition expresse de mettre en usage toutes les règles de l'hygiène réclamées par l'état de l'atmosphère. Mais si l'on a le choix, le printemps et l'automne sont les époques les plus favorables à son administration.

Le matin, à jeun, est l'heure la plus convenable pour la prendre; néanmoins on peut également la boire le soir en se couchant, et même dans la journée, pourvu que ce soit dans l'intervalle et loin des repas.

Elle peut être prise chaude ou froide, selon les cas; pure ou mélangée avec du lait ou toute autre boisson sucrée.

La dose pourra varier à l'infini, depuis 1/8 de verre jusqu'à 1/2 litre, qui sont à peu près toujours les quantités extrêmes.

Son emploi exige beaucoup de sagesse et de prudence: dans les maladies sérieuses surtout, on doit principalement en commencer l'administration par des doses faibles; et les malades ne peuvent, sans danger, en faire usage qu'avec le conseil et sous la surveillance du médecin, seul capable de juger l'opportunité de ses applications.

Elle agit sur nos fonctions à la manière des agents excitants; mais, en outre de son pouvoir stimulant, elle exerce évidemment aussi dans les maladies une action spéciale qui lui est propre, et qui tient sans doute à la variété des combinaisons de ses principes minéralisateurs.

On peut l'employer avec avantage dans le traitement de toutes les maladies où les eaux de Bonnes, de Saint Sauveur, de Cauterets, etc., sont indiquées en boisson.

Elle jouit d'une efficacité spéciale que l'on ne saurait mettre en doute dans le catarrhe chronique des bronches, les toux convulsives, les congestions passives du poumon, la tuberculisation pulmonaire, la laryngite chronique, et notamment dans la pellagre, qui semble ne jamais résister à son emploi.

Toutes les eaux sulfureuses naturelles et beaucoup de préparations artificielles qui ont le soufre pour base auront probablement, à des degrés divers, dans le traitement de cette dernière maladie, une action thérapeutique analogue à celle de l'eau de Labassère.

FIN.

www.ingramcontent.com/pod-product-compliance
Lightning Source LLC
Chambersburg PA
CBHW071109210326
41519CB00020B/6236

9782011298041